LOCUS

LOCUS

from

vision

from 23 狗紀年的20個備忘錄

High Noon

作者：尚-法蘭索瓦．理查 (Jean-François Rischard)

譯者：何項佐

責任編輯：楊郁慧

美術編輯：何萍萍

法律顧問：全理法律事務所董安丹律師

出版者：大塊文化出版股份有限公司

台北市 105 南京東路四段 25 號 11 樓

www.locuspublishing.com

讀者服務專線：0800-006689

TEL ：(02) 87123898　FAX ：(02) 87123897

郵撥帳號：18955675　戶名：大塊文化出版股份有限公司

總經銷：大和書報圖書股份有限公司　地址：台北縣新莊市五工五路 2 號

TEL ：(02) 8990-2588 (代表號)　FAX ：(02) 2290-1658

排版：天翼電腦排版印刷股份有限公司　製版：源耕印刷事業有限公司

初版一刷：2004 年 6 月

定價：新台幣 280 元

Printed in Taiwan

High Noon

狗紀年的20個備忘錄

Jean-François Rischard 著
何項佐 譯

目錄

前言

別以爲這又是一本關於全球化的書。事實上，在出版之前，我自己心裡想的書名是《別傻了，這不是全球化》(*It's Not Globalization, Stupid*)。

爲什麼大家要抨擊全球化呢？因爲全球化就像其他模糊的概念一樣，混淆有餘，說明不足。許多人往往把全球化看成只是經濟上的事，諸如世界貿易和資金流動等，但其實還有其他更重大的事情正在發生，像是全球人口從十年前的五十億，可能在一個世代之內就會暴增到八十億之譜。更糟糕的是，有些人認爲全球化就是一些穿西裝打領帶的人每週一早上在華盛頓或紐約開會討論要怎麼透過貶抑環境、宣揚全世界的貧困與悲慘來好好大賺一票。大部分人更是搞不清楚狀況，把以下兩件事混爲一談：全球變遷，以及無法順應變遷。

因此無論你把注意力轉向哪裡都會發現，全球化的概念會造成腦子輕微地癱瘓。它會導致錯誤的診斷、斬除異己，以及非常嚴重的誤解。而當議題混淆時，我們最後反而會沒注意到整個地球最重大的挑戰：解決全球性問題。如果還需要什麼事情來提醒我們這些挑戰有多急迫的話，二〇〇一年九月十一日的事件就是了。

這本小書的目標在於逐步釐清目前的爭論。我在本書呈現的觀點並不代表一位世界銀行高級官員，而是一個憂心忡忡、從高處瞭望的世界公民。(我想，不需要多說，我在這本高度個人化的書裡所表達的看法，只是我自己的看法，並不代表我曾任職的機構之立場。)

爲了達到這個目標，我略去那些通常是捏造的軼事，直接用一些圖表來當作理解全書的地圖和結構，並且使這些結構能透過實際發生的案例而更栩栩如生。我寧可被當成賣弄學問，也不要被認爲是話多而無益。

並且我還寧願冒過度簡化的危險，也不願絮呱過多的細節。身爲一個實踐者和知識通才，透過面對面的討論，我掌握了相當多的資訊與思想背景，包括我自己的想法和全世界各地領袖與聽衆的想法。不過這本書並不是以專業化的研究類型見長，而是在於能夠將事情匯整到某種大圖像裡，而這正是我所要試圖做到的。

當我這麼做的時候，我多多少少是在挑起一些爭論。就像有人說的：「如果你的立場不夠尖銳，你根本就沒有論點可言。」

本書的三大部分

第一部分的重點是**說明**。這個部分提供了背景脈絡，而我要傳達的訊息是：忘掉全球化吧。別把全球化想成一股無形的力量，而要思考會在未來二十年造成全世界重大變化的兩股巨大力量：在一個業已過度擴展的星球上的大幅度的人口成長，以及正在興起而截然不同的新世界經濟。並且想一想為了適應這兩股巨大力量而將大大影響人類社會體制的三種新現實：脫離階層制度，民族國家的掙扎，以及公共部門、民間企業與公民社會之間的界線愈來愈模糊。

第二部分是一些**實錄**。在前述兩股巨大力量的背景脈絡下，有二十個迫在眉睫的全球課題必須在二十年之內解決。每個問題我都花了不多不少的篇幅來寫，以便讓讀者可以概覽問題所在，又不會使讀者和我自己在細節資料裡滅頂。這彷彿是電影〈日正當中〉（High Noon）的情節，男主角賈利・古柏（Gary Cooper）在一個氣氛緊張的小鎮焦急等待正午的緊要關頭來臨，時鐘滴滴答答走著，時間既漫長卻又短促。

第三部分是我希望讀者也能共同參與的**思考方式**，這種思考方式是目前迫切需要的。現有的國際體制根本無法及時提供這些急迫的全球問題解決之所需，但我們也無法建立一個世界政府，那還有什麼方案可以加速解決這些全球問題？我們該怎麼做才能及時保住我們的小小星球？這是個「**放聲思考**」的單元，我自願冒一些風險，在這個單元中提供一些新的想法。

你可能會覺得這不是太令人愉快的題材，但說起來其實這是本非常樂觀的書，它提供了一些不同於傳統思考方式的概念。民族國家正在掙扎，國際組織受到冷落。眼中只有短暫的選舉與其選區偏好的政客，並不準備要解決這些急迫的世界議題。異議人士也沒能提出解決方案，他們總是看到並不存在的故事情節，而這常常會妨礙他們找出解決方案。事實上，他們到目前爲止所提供的解決方案非常有限。

問題在於，大多數的相關人士都習慣於傳統且過時的思考方式。但如果能從網絡(networks)的新世界借用新的概念、以不同的方式來思考的話，我們可以做的事其實是非常多的。我的有些概念看起來可能有些激進甚至太過天眞。但其實那些相信依例行公事就能解決問題的想法才眞是天眞。因爲那是不可能成功的。

閱讀本書的方式

我儘量縮短本書的篇幅，目的是希望讀者能夠一口氣就讀完全書。不過也有其他閱讀方式：

・跳過第十二、十三、十四章。那三章節詳述了這二十項世界議題的內容。

・只讀本書一半篇幅的主要重點。

・接著，如果你還想深入了解的話，再回到這些全球問題的細節上。

以上的閱讀方式都可以，但是我只建議比較沒時間的讀者採用第二種閱讀方式。無論如何千萬不要跳過第一部——即使你認爲你已經很了解這些議題——否則你會無法了解第三部的整體涵義。

第一部

別傻了，這不是全球化

1　兩股巨大力量來勢洶洶

未來二十年會有兩股巨大的力量，深深地改變這個世界。而且，這種改變的速率是前所未見的。

想想這些不久後會發生的事：二〇二〇年時，中國可能會在失去世界上最大經濟實體的頭銜兩百年後再次順利取回這個頭銜。數十億個電腦晶片創造出一個新的世界，其中的各種物件會互相交談。電子貨幣的出現，會使各國中央銀行爭相扮演新角色。水會取代石油，成爲造成戰勢緊張的重要原因。

大體而言，未來二十年的轉變，會比歷史上任何時期的改變都更急劇也更深遠。在此劇烈變化時期下的第一股巨大力量——我稱之爲**人口爆炸**——帶來的只是壓力而已。而第二股力量——**新世界經濟**——則是夾雜著壓力與機會。圖1-1說明了這個簡單明瞭的架構。這張圖可以作爲以下各章的地圖。

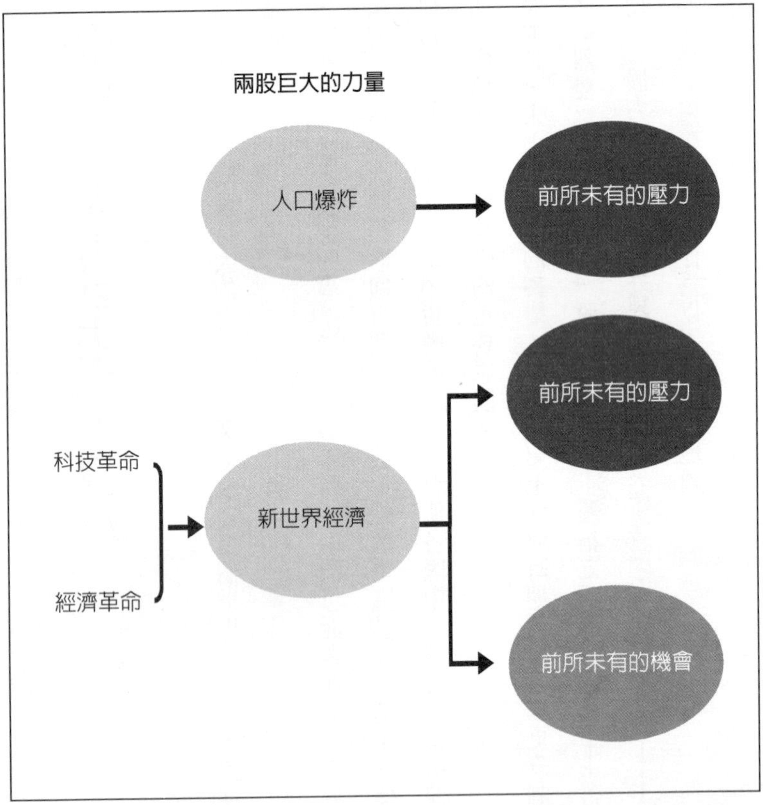
兩股巨大的力量
人口爆炸
前所未有的壓力
前所未有的壓力
科技革命
新世界經濟
經濟革命
前所未有的機會

圖1-1 兩股巨大的力量

2 塞爆地球

人口問題可以簡要敍述如下：在一九九〇年時，地球人口已達過度飽和的五十億人，而現在已有六十億人；二〇二〇至二〇二五年間時，則會達到八十億人左右——而這一切僅僅是在不到一個世代裡發生的事。

好消息是，在此之後，地球人口的成長就會停滯。即使再有成長的話，也會在本世紀的下半葉到達九十億至一百億的高原期，然後甚至就會開始衰減。大約十五年前，已有人憂心地預測更糟的情況，不過令人慶幸的是他們錯了。我這樣討論人口爆炸的問題，有些專家可能會覺得我太誇張了。

但也要考慮到壞消息：就像火車一樣，全球人口的成長在眞正停止之前，需要有一長段煞車時期。換句話說，沒有任何力量擋得住這股衝向八十億大關的趨勢。大部分會生小孩的人，不是早就生了，就是準備好要生了。而且這個數字也反映出許多開發中國家近年以及未來出生率的降低。無論如何，這新增的二十億人口所降臨的世界，是一個早已過度擁擠的星球，而這樣的人口增加，將會像是一場往四方擴散的大爆炸。

有些讀者會對我使用「人口爆炸」一詞感到氣憤，因爲這個字眼政治不正確。我對於這些讀者的回應是，我並不是能預言未來的卡珊德拉（Cassandra），也不是馬爾薩斯論者（Malthusian）❶，但是幾十年後這個星球達到八十億人口的話，比起一九九〇年的五十億人口，資源與生活空間都會更加吃緊；更不用說一九六〇年時只有三十億人口了。看看以下提到的許多現象就可以想見人口爆炸問題的嚴重性。

新增加的二十億人口中有九五％以上會在未來二十年左右出現，而且是在開發中國家；其中多數人會聚集在城市裡。到二〇二〇年時，世界上有超過半數人口會居住在城市裡。屆時將會有六十多個人口超過五百萬的城市（幾乎是一九九〇年時的兩倍），而或

❶編按：馬爾薩斯（Thomas Malthus, 1766–1834），英國經濟學家，近代人口問題研究的先驅。其著名的《人口論》（1798）提出人口爆炸理論：即食物生產級數以算術級數增長，而人口級數則按幾何級數增長。

許還會有二十五個人口超過一千萬的大型聚落（一九九〇年時還不到十個）。

喀拉蚩、聖保羅和達卡的人口會維持在兩千萬左右。過度擁擠的亞洲型都會，會變成地球上的常態特徵，並隨之帶來貧窮、健康、社會壓力等負面問題。試想這些凌亂擴張的都市裡的交通、住宅、廢棄物處理、下水道、水資源等是如何的挑戰。甚至非洲也面臨日益加快的都市化速度，到了二〇二〇年時會達到約五〇%；這是一個世代前的兩倍速度。

隨著人口增加與開發中國家生活水準的提升，全世界的食物生產在未來二十年會增加四〇%。穀類消耗量會增加三〇%，而肉類消耗量會增加六〇%；有些人預測的增加比例甚至更高。不論如何，即使大部分的人都同意地球可以持續餵養自身全體，但仍將是非常困難的任務。耕地愈來愈難以擴展，作物產量的成長也會趨緩，部分原因是沈積的鹽分腐蝕了土壤。許多地方高度集約式的農業，其侷限性也愈來愈顯而易見。下降的地下水位和肥料帶來的硝酸鹽污染只是兩種常見的後遺症，不論在富裕國家和貧窮國家都一樣。

同時，能源消耗也很嚴重。到二〇二〇年時，開發中國家因燃燒油料、瓦斯、煤炭、木材產生的碳排放總量，會接近於富裕國家。總體來說，能源消耗量接近目前的兩倍，許多開發中國家甚至會到達三倍。有些地方的動力生產則可能達到五倍。

到時候會有能源耗盡的問題是無庸置疑的，許多全球的、區域的、在地的問題都和能源使用量的提高有關。舉例來說，全球暖化會是未來數十年間最嚴重的問題之一（第二部會繼續討論這個問題），但也會有許多區域的與在地的壓力。中國每個

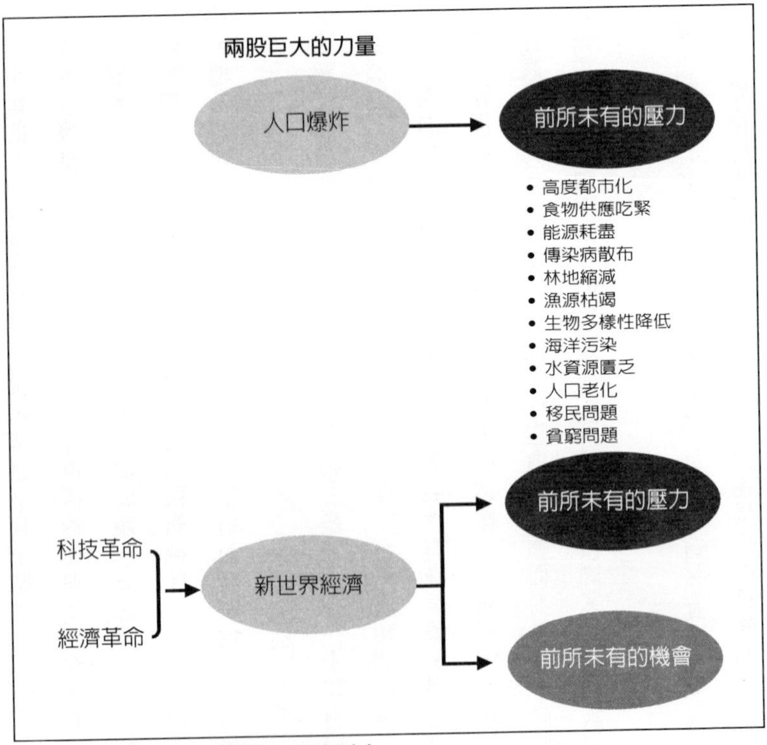

圖2-1 人口爆炸——前所未有的壓力

月會需要一座新的一千萬瓦的發電廠。如果這些新的發電廠主要是利用煤炭、且印度同時也需要相當速度的能源擴充，那麼到二〇二〇年時，酸雨就會成爲亞洲的大問題。酸雨在日本及其森林所可能造成的劇烈影響，就如同過去數十年來酸雨對美國紐約州北部阿地倫達克山脈（the Adirondacks）的雲杉與賓州的紅楓造成的嚴重破壞。

在尼泊爾和喜馬拉雅的其他貧窮地區，因爲鄉村人口增加的壓力而持續增加的柴薪採集，已經造成林地覆蓋面積幾乎永遠地消逝，同時還伴隨有許多不良的後果，包括像孟加拉這樣的低地區域的洪水泛濫。而隨著林地消失與乾旱的混合效應，非洲某些地方，像是茅利塔尼亞，每年沙漠都擴展了十公里左右。

隨著人口增加，人類面臨的壓力也愈來愈多：傳染病、熱帶雨林面積縮減、漁源枯竭、生物多樣性喪失、海洋污染、還有愈來愈嚴重的水資源匱乏，這些不過是其中一部分而已。這些問題就像是全球暖化一樣，全都是迫切的全球議題。

還有一種壓力會伴隨人口激增的問題而來：世界人口的老化。這在許多富裕國家已經很明顯了。到二〇二〇年時，像是日本、義大利、西班牙等國家中，六十歲以上的人口會達到該國的三分之一；而德國則會面臨另一種情況：每三個就業者當中，就有兩個以上的退休者。但人口老化的問題同樣也會發生在像中國這樣的國家，因爲中國的出生率已經降低多年。各個國家都一樣，政府預算會承受巨大的壓力，因爲稅基中的退休金迅速增高。各國也會面臨移民政策的問題：舉例來說，西班牙和德國的人口在未來四十年可能會減少十至十五%以上，因而不是需要更密集的勞動力參與（更多的工作人口或工時更長），就是需要移入大量移民，以免經濟衰退。

雖然貧窮國家向外移民的壓力可以塡補富裕國家移入移民的需求，現在的地球仍是非常不平衡的。生活在三十個左右的富裕國家中的人口，占全世界總人口數的兩成，卻消耗掉八成五的貨物與服務；而世界上有接近三十億的半數人口，每天的生活費不到兩元美金；還有約十二億的人則是生活在更貧困的環境下，每天的生活費不到美金一元。在非洲有幾億人每天的生活費不到六毛錢美金。而有二十億多幾乎都居住在開發中國家的人口，急著從貧窮國家移民到富裕國家，這些人口將會帶來非常大的壓力。除非這個不平衡的問題能夠大幅度改善，否則今天的難民和偷渡客問題，也只是預告了人民在嚴重的貧窮壓力下，將會以逃離的方式表達不滿。

第二部會繼續討論貧窮的問題。接下來我會再舉出幾個人口壓力所帶來的負面問題。事實上，人口問題帶來的，除了壓力之外，還是壓力。至於第二股巨大力量就不同了，它會同時帶來空前的正面與負面影響。

3 新世界經濟誕生

未來二十年會帶給這個星球驚人變化的另一股巨大力量是**新世界經濟**，這個概念比起我們聽得夠多了的、以網際網路爲中心的「新經濟」來得更寬廣也更有意思。繼續閱讀下去，你就會發現其間的差異所在。

新世界經濟背後有兩具引擎在推動（參見圖1-1）。首先是一種**科技革命**，其次是一種**經濟革命**。我們先討論後者。

經濟革命

經濟革命可以簡單概述如下：過去的二十年，生活在市場經濟裡的人口，從十五億增加到將近六十億；事實上現在沒有任何國家不採用市場導向政策。大部分的國家都減低了貿易障礙，在合理的時機將國營企業民營化，降低國家扮演企業經營者的比重，而轉換成調節者與挑戰者，並且開放公用事業讓市場競爭。大體而言，這些國家給了市場愈來愈大的決定權，並且限制公職人員的角色。即使那些少數的例外，包括古巴和北韓，也都隱隱在準備要有所轉變。

主要的理由是，隨著共產制度的崩潰，所有人似乎都同意，市場經濟之外的做法，譬如有大批拙劣的官僚試著透過數百萬個拙劣的體制，來經營一個拙劣的中央計畫體系的這種做法，已經永無出路。除了把全俄羅斯的國內生產毛額（GDP）搞得跟一個荷蘭一樣多，以及一些像是蘇聯送除雪機給幾內亞之類的趣聞之外，這套體系並沒有爲我們留下什麼。

由於這場革命是基於得來不易的經驗，而非意識型態，所以影響非常深遠。儘管有一九九七至一九九八年的亞洲金融危機，但沒有任何一個開發中國家回頭走向非市場模式，而且這也不再與政治光譜上的或左或右有關。幾年前我曾在尼泊爾有過一次機會，遇到一位身爲馬克思列寧主義最後信徒的部長級官員，好好談了一場關於民營化的正反意見的技術性討論。而在二〇〇一年七月一日，中國國家主席江澤民決定讓資本主義的企業家加入共產黨。

今天唯一的爭議點是，如何在基本的市場導向，與種種調節機制或社會安全政策兩者之間取得平衡。即使這個重大的爭議仍在持續（在歐洲最強烈，但不僅止於此地），但沒有一個神志清醒的人會眞的打算大舉返回中央計畫經濟，或者甚至企業國營。這一點非常值得注意，特別是因爲當今多數社會和甚至多數的人對於企業世界和利潤導向的作風是懷抱矛盾心情的。

不管我們喜不喜歡，經濟革命都已經來了。它事實上是新世界經濟背後的兩具推動的引擎之一。即使九一一事件使各國再次宣揚安全相關議題，也關不掉這具引擎。相反地，二〇〇一年十一月在杜哈（Doha）舉行的世界貿易組織（WTO）會議上，只見到與會的各國重新展現決心，並且發動了新一回合的貿易活動。

科技革命

新世界經濟背後另一具引擎是科技革命，其力量甚至可能更強大。這兩股力量事實上是連結在一起的——中央計畫經濟的死亡，通常可追溯至蘇聯領導階層於八〇年代猛然體認到：幾架裝載電子儀器的美製噴射戰鬥機就能夠擊退一大群米格機。

這場科技革命集中在低成本的通訊與資訊科技，這也激發了其他各式各樣的變革：先進的材料、奈米科技（非常微小的事物）、模仿或超越人類的機器人、生物科技，以及其他非常多事物。智慧型電子儀器現在涵蓋人類生活所有想得到的面向：數以億萬計的晶片植入所有地方，在電腦外的晶片數量遠遠多於電腦裡的晶片數。

即使像運輸這樣的傳統產業，也經由使用貨櫃、追蹤系統、中繼機場、隔日送達服務等，而經歷了革命；這一切也都是由於有新的通訊與電腦科技才得以實現。這些科技最根本的意義在於它們徹底改變了商業、社會和所有領域的做事方式。爲什麼會這樣？

簡單地說，早期的科技革命和轉換能源或材料密切相關，而這次的科技革命則是與時間和距離的改變有關，因而深刻影響到社會結構。此外，至少還有一點非常重要：這場革命使**知識**與**創造力**變得遠比資本、勞動力和生產原料更加重要，成爲生產的第一要素。

觀察這場革命的重要性的第二種角度是，當人們在十八世紀晚期與十九世紀早期掌握了蒸汽後，從一匹馬的動力進展到一千匹馬力的引擎，效力提升了一千倍。相較之下，通訊頻寬近來提升了一萬倍，而電腦的計算速度更驟升了十萬倍。

還有第三種觀察的角度。十九世紀時，生產製造的過程是擠在狹小的工廠空間裡，因爲所有機器的動力都必須由同一具蒸汽引擎的單一輸出軸提供。而二十世紀早期電力的擴展，讓小型馬達可以提供個別製程所需的動力。這些電動馬達讓機器的動力來源不再受到單一輸出軸的限制，因而使工廠面積快速擴張，並出現前所未有的分工。

進入了二十一世紀，我們又回到某種輸出軸的概念：新的通訊技術發展出了遍布全世界的種種虛擬資訊輸出軸：生產製造過程變得更有彈性，可以隨時隨地進行。

經濟和科技革命這兩種力量加在一起，賦予了新世界經濟與舊經濟全然不同的力量。有些人說，達康（dot-com）在二〇〇〇至二〇〇一年間的泡沫化，意味著我們根本尚未脫離舊經濟，但可別被這種說詞給誤導了。這些人的目光短淺，就像以前那些把一八四〇至四五年間的鐵路股票狂飆誤認爲是工業革命結束的人，那些看到了一九〇〇至二五年間三千家新興汽車公司的崩盤，因而推論汽車工業沒什麼前途的人一樣。他們把以高科技爲核心、有所侷限的「新經濟」，與遠爲**寬廣**且**深遠**（這兩項特質精準描繪出其間差異）的現象給混淆了；而我將後者冠上「新世界經濟」之名。正因爲背後有不只一具而是兩具強力引擎在推動，新世界經濟絕非僅僅使用新科技的經濟：它是關於新市場、新產品、新的做事方式——簡而言之，這是一種**新的心態**。下一章會詳細討論這個主題。

你什麼都還沒看見

科技革命還有很長遠的路要走。根據著名的摩爾定律，一個尺寸相同的晶片上所容納的電晶體數量，每十八個月會加倍，這項定律仍然成立，會繼續加速大幅降低電腦運算的成本。到二〇一〇年，一台正常電腦的運算速度將是一九七五年時電腦的一千萬倍以上，而且價格便宜多了。更有甚者，全球的電腦網格（grid）在各接點上所提供的立即可用的運算能力，將比網際網路更強數百萬倍；據報導指出，IBM是此領域的主要投資者。這些電腦網格的核心是一些程式，能讓協同運算與搜尋都比現在的程式更容易且更可靠。

通訊科技會在「可負擔程度」（affordability）與「涵蓋範圍」（reach）兩方面都持續大步前進。世界銀行預測，未來通訊工程的成本會有大幅降低的空間；在二〇二〇年之前，一通橫跨大西洋的電話一小時的通話費可能只要三分錢美金——差不多等於免費。在智利的一項縝密民營化計畫中，區域性執照的競標者必須同意也要涵蓋到偏遠地區，而取得執照者是使用最少補助就能夠達成目標者——這個計畫促使管線數目增加，且涵蓋範圍延展到偏遠地區。而在中國，通訊市場以每年二〇%的速度突飛猛進；到二〇〇五年將會有五億個電話門號，其中有六〇%是行動電話，而約有兩億個門號是網際網路使用者。行動電話的普及更是明顯，像是野火一般延燒各個發展中國家。令人驚奇的是，在二〇〇一年年底，非洲的行動電話門號的數量比市話數量還多。

在這些擋不住的發展趨勢中，企業、個人、定點的通訊科技密度，肯定會有更驚人的成長。總之，新世界經濟也許才正要開始。有些人認爲未來仍有八〇%的路要走；這個世界才正在電腦發展曲線的半路上而已，現在不過是網際網路和相關科技剛剛起步的階段罷了。有論者指出，有三組強大的力量才正要開始發展：資訊與通訊科技、生物科技與神經科學，以及持續進展的能源科技。

在我們面對新世界經濟所造就的機會與壓力之前，務須先了解它到底有何不同。即使本書的主題不是新世界經濟，也還有另一個理由讓我們對此多做分析：新世界經濟的核心機制，可能正是那些可以造成新的社會體制的力量，也可以爲全球課題提供新的解決方案。有些人說得好，稱這種新世界經濟爲「網絡經濟」（networked economy）。我們會在第三部討論其孿生兄弟，也就是所謂的「網絡治理」（networked governance）。

4 新世界經濟大不同

要了解新世界經濟有多麼不同，還是舉些例子最容易明白。以下從許多事例中舉出五個來說明。

更快速精簡的製程

更快速、精簡、及時的製程正在到處擴散；豐田汽車和福特汽車本著這樣的原則而省下數十億美元經費。新加坡的整體經濟也依此準則來經營；舉例來說，清完一整船的貨物並通關，只需不到半小時。工人在摩洛哥縫合的褲子，是剛剛被遠在荷蘭的電腦所遙控的機器裁切過，即時反映出荷蘭客戶的需求。在美國，耐用品的存貨量與銷售量比例，在一九九〇到二〇〇〇年之間縮減了一半——這年頭已經不時興「存貨」了，而是隨時準備行動。

在西班牙的貧窮省分加里西亞（Galicia），經營成功的時裝企業查拉（Zara）以即時、縮短製程的方式，使全新的成衣生產線從頭到尾不到三個星期就可以完工；而一般同行平均得花上九個月。在香港，製造商生產的電動馬達爲例——以吹風機用的馬達來說——透過電腦輔助設計系統和遠端的客戶合作，在拿到規格後六週內就能夠生產出來。再舉一個快速精簡的案例：據報導，美國航空公司（American Airlines）一天可以完成四萬件貨物的稅則轉變案件。

所以，什麼事都變快了：設計週期、生產週期、行銷迴路、定價流程，速度上都有飛躍性的成長。這是一個快速精簡的時代。

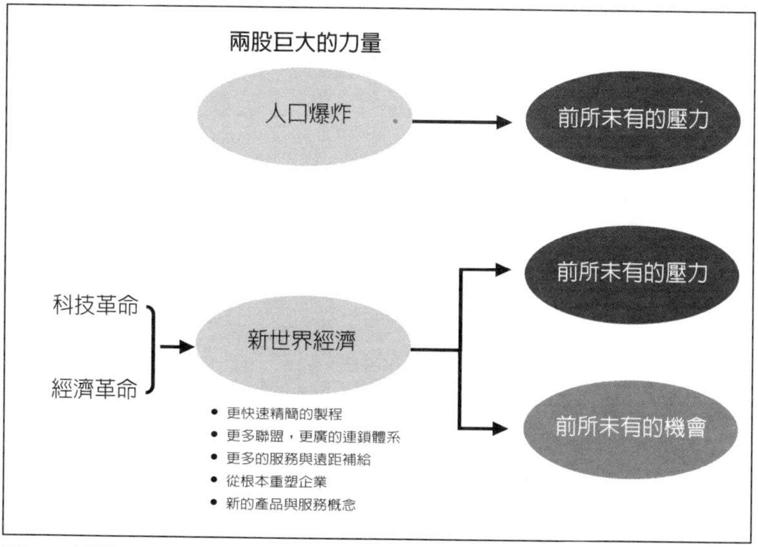

圖4-1 新世界經濟大不同

更多聯盟，更廣的連鎖體系

看看下面這個例子所展現出的新世界經濟有多麼不同：企業合併的數量暴增（一九九九年時達到巔峰，總金額高達三兆美元）——儘管偶爾也會出現相反的情況，例如現在電信業界傳出分家的事也時有所聞——企業間聯盟關係的數量也比一九九〇年時高十倍。

企業間除了合併之外，新形態的聯盟更有效力。這些新的聯盟不只是傳統的合資模式，而是包含各種合作生產協定、行銷協定、聯合研發、設備分享與交換等。例如：大製藥廠與小生物科技公司合作、大電腦公司與新創的小軟體公司合作、幾所大學一起合作國際性的學程，以及幾家航空公司一起推出合作航線與常客哩程等等。最近一個驚人的案例是兩家宿敵鈴木（Suzuki）與川崎（Kawasaki）決定共同合作摩托車設計與零組件的購買。這些聯盟不同於合併，而是眞正的合作夥件，並且仍保有各自身分。

大體而言，這種合作鏈愈拉愈長。舉例來說：一家新加坡的製造商，在台灣資金與以色列的技術授權下，在中國生產電話給美國市場，這條鏈一共牽連了五個國家。非洲也愈來愈涉入其中：有些以香港爲根據地的服裝製造商，以賴索托的工廠來提供譬如D

KNY這樣的美國公司之所需。請記住「通往全世界的許多虛擬資訊軸」的意象，透過這些資訊軸，全球各處的企業都可以相互連結。這個時代，屬於熟悉網絡組織的人。

更多的服務與遠距補給

服務業在國內生產毛額的占比逐漸增高：在美國已超過八〇％，在歐洲約是六五％，並且持續增加中。在二十世紀早期，美洲製造業的雇員一開始時占全部雇員人數的二〇％，到五〇年代時達到三五％，但現在又降到二〇％以下。在先進國家，服務業隨時有新的概念出現，成爲整體經濟中最有活力、最有彈性、最能創造就業機會的產業。

服務業是新世界經濟的核心所在。

但還有個更新的現象：有些十年前完全無法立足的服務業，現在可以跨越遠距常態經營。加勒比海地區有三萬人爲美國企業處理顧客服務的電話。美國的保險公司把文書工作在夜裡送達愛爾蘭，由該地小村莊裡的工人登入公司的電腦。美國的安泰（Aetna）保險公司甚至以這種方式在迦納的阿克拉（Accra）雇用了四百名員工。

不過才十年前，印度的班格羅（Bangalore）在軟體服務業的產值差不多等於零，如今每年則能出口七十至八十億美金。在華盛頓特區，醫生透過電話口授備忘錄，幾小時後，訓練有素的印度護士就透過衛星連線把文件打好傳送回來。這些遠距服務業一年可以為開發中國家開創出兩千五百億美元的新出口產值，而且還有極大的發展空間。

從根本重塑企業

關於為何這麼多事物會發生如此重大的變化，《位元風暴》（*Blown to Bits*）這本書分析得相當深入，作者伊凡斯（Philip Evans）和伍斯特（Tom Wurster）在書中指出關鍵所在。他們認為，過去得在訊息的傳達範圍與訊息的豐富性之間二選一。包含了豐富細節的訊息內容，要用一對一的對話方式進行；而要將廣告內容傳送給千萬人，就只能傳送最言簡意賅的訊息。現在，拜新科技之賜，人們不再需要這樣的權衡折衷了：你可以發送出細節豐富、為客戶量身訂做的資訊給一個人、幾千人或幾百萬人。魚與熊掌可以兼得。

這有什麼用處？別的不說，其中之一就是重塑企業。就如經濟學家高斯（Ronald Coase）所描述的，企業的界限（哪些事情是內部可以完成的，哪些又是得外包的），是以不增加成本為基準。一旦不再需要在訊息的傳達範圍與豐富性之間二選一，則這種關於成本的衡量就改變了，同時也改變了所有事：

・舉例來說，現在公司可以一整塊作業都外包給承包商，而且他們也的確是這麼做。甚至還可以發展得更極端：思科（Cisco）和阿爾卡特（Alcatel）這兩家設備製造商，已經決定要把製造的部分完全交給其他公司。

・公司可以更輕易徵得客戶與供應商之助，協同管理他們的事務。像奇異（GE）、IBM和一些油品公司都利用網際網路架設私人或公開的企業對企業的交流平台和交易市場，由此可節省巨額預算多達一五％。相關的供應商可以牽連很廣：通用汽車（GM）在巴西的格拉瓦泰（Gravatai）工廠，十七家供應商每年可以組裝十萬台雪芙蘭迷你車的零件模組。愈來愈多公司讓供應商參與設計和工程，這樣可以省下四〇％的支出。

・倚賴大批業務員的經營模式就要變成過去式了。各公司行號愈來愈把客戶關係轉化成生動的市場空間，這是因為現在有了可以客製化各種產品與服務的能力——這使得顧客變成眞正的老大。

・未來數年裡，你會看到一種愈來愈盛行的新形態服務業：專門包裝其他公司的產品與服務的大型「組裝者」，透過他們的物色與包裝工作，可以讓顧客的生活輕鬆許多。這類組裝者所扮演的角色之一是保護顧客的隱私，以避免線上供應商祕密蒐集訪客的資料。可以預期，這些組裝者——或者也有人稱爲「資訊仲介者」——將會反過來對供應商形成支配者，並且透過其品牌掌握那些缺乏注意力的顧客。

新的產品與服務概念

太多人只看到網際網路所產生的電子商務，以及因之而生的達康破滅現象。然而，儘管近來多所挫敗（多發生在企業對客戶端〔B to C〕的電子商務，而不是企業對企業間〔B to B〕的應用），但鮮少有人會懷疑奠基於網際網路的電子商務到了二〇二〇年將會變成數兆美元的市場。因此，很值得再次強調：一定要把新世界經濟看成一個遠比基於網際網路的經濟更爲廣泛的現象。請試想以下三個例子，看看產品與服務的性質會如何演化。

首先，**產品會變得愈來愈像服務**。與其說是買汽車本身，不如說愈來愈像是購買附加在車上的服務。租賃形式使你的開銷變成某種租金。你可以投保瑕疵險甚至是耗損險。有些製造商還會在你的汽車拋錨時替你支付旅館費用，而且很快會有一些汽車能夠自行預約它們自己的保養時間。分時共同使用噴射機甚至騎馬，會愈來愈常見。美國安德森窗業公司（Andersen Windows）可以爲客戶設計非標準規格但完全適合自家的窗子，並藉由該公司特別設計的程式迅速交貨。這是在賣窗戶，還是在賣服務？產品和服務之間的界線愈來愈模糊，而變成「產品不過是等著發生的服務」。

其次，**贈送變成常態**，因爲在新世界經濟中許多現象都可能和過去截然不同，也有了不同的意義。除了免費的電子郵件、報紙或者網路上的資訊服務之外，還有層出不窮的例子。最近一個驚人的案例是，米其林（Michelin）發明了一種革命性的輪胎，可以在扎破之後仍保持原狀、繼續行駛到遙遠的修車場。米其林做了什麼？它並沒有獨占這個巨大的新市場，反而將這項新科技開放給競爭對手倍耐力(Pirelli)和固特異(Goodyear)，因而創造了一項新的輪胎規格。同樣的，每年申請大約一千項專利的摩托羅拉（Motorola），最近也決定要將其研究成果公諸於世，不介意潛在的競爭對手知道。目前，相較於微軟視窗（Microsoft Windows）四〇%的市場占有率，免費軟體 Linux 作業系統也占有高階伺服器市場的二五%以上。

第三，**新形式的搭售與拆售**是新世界經濟的另一項特徵。航空公司將只是一種網羅了許多公司的組織：擁有飛機的公司、負責清潔的公司、票務訂位的公司、處理行李的公司、供應餐飲的公司等等。好萊塢的製片廠就常爲了一部電影而結合上百家公司的配合。而未來最大的一項變化將發生在銀行業，到二〇二〇年，銀行業可能會拆解爲三項產業：金融商品的創造（更多的投資理財專業服務）、客戶諮詢（更多的傳統商業銀行專業服務）、後端辦公室經營（處理與交易相關的文書工作，這些工作是非銀行業者在世界各地都可以進行的）。

一種未來會出現的搭售產品：具生物檢定資料的多用途智慧卡，同時可以當成身分證件使用；機場安全設備；信用卡與借方卡；常客哩程、旅館住宿、租車卡；電話卡；醫療保險卡；甚至是選民登記之用的卡。芬蘭已創造出一種有上述幾種用途的國民卡，馬西來亞也正在實驗中。

新世界經濟裡到處是如此全然不同的做事方式，其中有許多根本和網際網路或狹隘的「新經濟」概念無關。新世界經濟比較像是一種**新的心態**，由經濟革命與科技革命這對孿生兄弟共同推動著。

5 無窮的機會與壓力

未來二十年會帶來重大變化的第二股巨大力量——新世界經濟——將會帶來機會與壓力；不像人口增長的力量不會帶來太多好處。

機會

新世界經濟帶來的機會分爲以下五種不同範疇：

首先，新世界經濟會帶來如第四章所說明的：**新產品**、**新市場**、以及整套**新的做事方式**。

其次，新世界經濟似乎會導致我們已知的**通貨膨脹之死**。其中一項原因是，在紐西蘭於一九九〇年大膽帶領世界各地的中央銀行訂定通貨膨脹目標區（inflation targeting）之後，全世界已經有了比較好的貨幣政策。但更主要的原因，或許也正是訂定通貨膨脹目標區成功的主要理由是，高流動性的新世界經濟藉由經濟革命與科技革命這對孿生兄

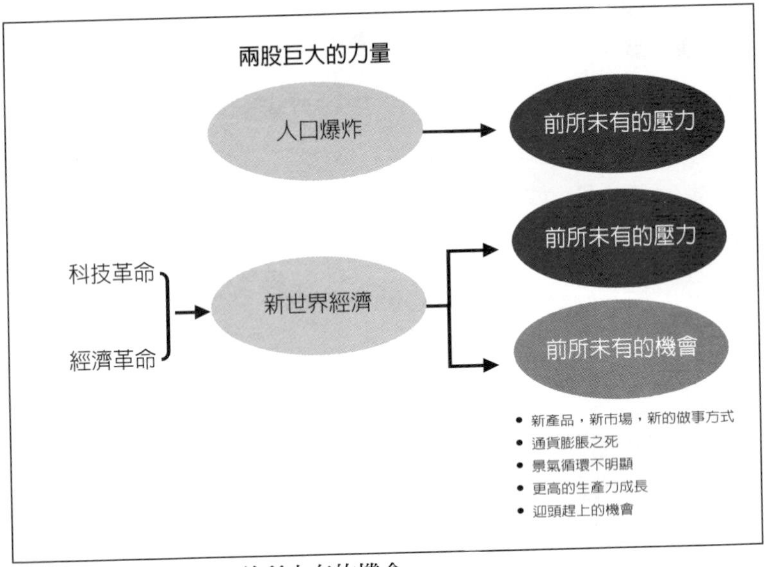

圖5-1 新世界經濟——前所未有的機會

弟，在全世界創造出比較不容易發生通貨膨脹的環境。

在新世界經濟裡不太容易持續提高價格，因爲商業環境已變得高度競爭。世界變得愈來愈透明化，價格可以即時比較，因而創造出有些人半開玩笑說的「赤裸經濟」(nude economy)。更有甚者，商品的生產或服務的提供，都可以輕易地遷移到更便宜的地點。現在金融市場更可以即時監控並制裁各個國家的經濟政策，難怪全球的通貨膨脹現象都普遍緩解了：從八〇年代到九〇年代初期，全世界的通貨膨脹率在一五％至二〇％，但到一九九五年時已降到一〇%，二〇〇〇年時更降到五%以下。與此同時，開發中國家的通貨膨脹率也從三〇%至四〇%，降到與二〇〇〇年的富裕國家相當。

第三，**景氣循環**（business cycle）和過去不同了。在新世界經濟裡，一個又一個國家會逐漸提高服務業在國內生產毛額中的占比到八〇%左右——這是美國業已達到的比例。在此背景下，傳統上不斷重覆的景氣循環——也就是在景氣繁榮時期，製造業部門（汽車、機械、電子產品）過度的生產力與存貨的積累，以及隨後再次發生的產量降低、存貨縮減的循環現象——在新世界經濟裡變得程度有限、難以辨識。

即使在二〇〇一年九月十一日的恐怖份子攻擊而使經濟成長更爲遲緩之前，二〇〇〇年美國的經濟成長遲緩與接踵而至的二〇〇一年的經濟不景氣，也顯然與過去的循環形式有所不同。這根本不再是商業景氣循環了，反而比較像是嚴重的宿醉，或者是「技術修正」。這反映出兩件事：股市在過度高估科技股之後的虧損，以及高科技產業在同樣過度受到商場的青睞之後產生嚴重的衰退。製造業部門嚴重的衰退，可能眞的和上述的及時工作方式有關，而傳送的速度也隨之加快。另一個新現象是，美國、歐洲、日本以及新興市場的經濟衰退快速地交互影響。

即便如此，一大塊的服務業表現得像是飛輪（flywheel）一樣，安穩進入二〇〇一年。

即使情勢仍然難以評斷，但由傳統式的消費、製造業帶頭的景氣循環，看來似乎不太會重覆出現了——假如眞的不再出現，那就有幸成爲新世界經濟的犧牲者了。

第四，新世界經濟似乎帶來了**高度的生產力成長**。一九九七年，美國眞正的通貨膨脹程度經過廣泛地重新計算之後，經濟學者立刻察覺通貨膨脹率被誇大了一個百分點，而且有十年以上的生產力年成長率事實上比一般相信的還要更高。事實上，美國在九〇年代後半期非常高的經濟成長率，似乎證實了生產力成長趨勢上有什麼不尋常的事正在發生。

雖然這些數字現在已經向下修正，而且儘管學院裡對此仍爭論不休，生產力的加速成長似乎仍是極清楚可見的。舉例來說，美國的生產力年成長率，相較於一九七三年至一九九五年之間的一．五％，在一九九五至二〇〇〇年之間已經達到二．五％。這樣的成果是很有價値的：單就美國來說，一％的生產力成長在十年裡就會增加一兆美金的財富。即使更審愼保守一點，每年只成長〇．五％，十年也會增加四千億美金。有意思的是，儘管發生九一一事件，美國的生產力成長在同年的第三季與第四季也仍然持續穩健進展。

這個現象背後是由什麼力量在推動？首先最顯而易見的就是第四章所說明的新的做

事方式。再深入一點來看，前美國財政部長桑默斯（Larry Summers）可能已經指出關鍵所在。在二〇〇〇年五月的一場演講中，他指出新世界經濟似乎和傳統工業與農業時代的模式有所不同：「想想看典型的小麥循環：當價格上揚時，農人就生產更多、而消費者買得少，然後再次回復到比較低需求的平衡。」這就是**負反饋經濟**❶（negative-feedback economy），受限於短期的「供應與需求」的制約。

桑默斯接著說：「相反地，新的資訊經濟則會逐漸成爲**正反饋經濟**（positive-feedback economy）。」在傳統經濟中，事物在普及而變便宜之前一開始會稀少且昂貴——想想看電視機、汽車、洗衣機的例子。在新世界經濟中則可以快速又不花高價就取得額外的效

❶編按：經濟學中有正負反饋經濟（positive/negative feedback economy）概念。正反饋是指當變數a上升時，變數b受到影響也跟著上升，而變數b的上升又再回過頭來影響變數a，使變數a再度上升；如此反覆影響的迴路，讓a和b都變得愈來愈大。負反饋則是指當變數a上升時，使變數b受到影響而上升，但變數b的上升反而回過頭來影響變數a，使變數a下降。

能（像是行動電話、微型晶片、新的網際網路服務），以至於傳統的供應需求制約變得幾乎一點都不重要了。事實上，新世界經濟的「**速限**」業已提升。

但事態的進展甚至已經超越了新科技的影響。美國企業聯席會議理事會（The US Conference Board）與麥肯錫顧問（McKinsey consultancy）的研究顯示，勞動力、資本與產品市場以及更有效的企業組織形式愈來愈有彈性，而且也在提升新世界經濟的速限上扮演了重要角色——這使我們想起新世界經濟背後的第一具引擎：經濟革命。

第五，除了這些全世界普遍受益的事之外，新世界經濟也帶給開發中國家前所未有的迎頭趕上的機會。許多開發中國家或多或少能從這些新科技與新做事方式所帶來的機會中受惠，例如第四章提到的班格羅的軟體服務業輸出、賴索托的服飾加工，以及美國保險業在迦納完成的文書工作。以下還有更多的例子可以說明。

幾年前，中國開始思考如何使該國四億人口都擁有智慧卡，可以用來收付帳款。如果這眞的發生、而且順暢無礙的話，中國將會躍過好幾代的銀行業發展，直接進入電子貨幣時代，省卻了許多發展過程中的麻煩。立陶宛與波蘭也都期待有類似的跳躍進展。

在教育方面，新世界經濟帶來的機會也同樣驚人。只消舉一個例子來說明：墨西哥的蒙特利科技大學（Monterrey Tech University）幾年來已發展出一套全世界首屈一指的遠距教學系統，連結了三十多個橫跨拉丁美洲的校園，提供每位學生選擇同一個明星教授的機會。在許多開發中國家，教師在網際網路上形成網絡，帶來更好的課程發展與最佳實務範例的快速交流。

還有一些很棒的發生在農村的例子。在非洲的象牙海岸，農民可以直接透過村子裡的行動電話查詢芝加哥商品交易所的可可粉價格，再也不需要仰賴本地商人偏頗的價格指標。在衣索比亞，我的一位同事問村民聽眾中是否有人知道網際網路——他原本以為沒有半個人知道——但有一位農民立刻回應說，他透過網際網路賣山羊給在紐約開計程車的衣索比亞同胞，他們正殷切期待返鄉過節時能帶禮物給家人。目前有許多專業的非政府組織協助拉丁美洲與亞洲的村婦，將她們的手工製品與她們自己及村子的故事直接放到網站上的郵購目錄銷售。這些人們原本籍籍無名，但一夕之間全都成為全球市場的一部分了。

新世界經濟充滿前所未有的奇妙機會，但它同時也會帶來可以區分為四種範疇的沉重壓力。

壓力

第一種壓力，來自於爲了適應**新世界經濟的新遊戲規則**。很多書籍寫出了這些遊戲規則，然而，我發現有四種特質不斷出現。事實上，從第三章與第四章所提供的案例就可以歸納出來。

新世界經濟有四種特徵：

・**講求速度**（speed）——你必須敏捷靈活。比爾・蓋茲（Bill Gates）是用 velocity 來說明。

・**跨越國界**——你必須與世界連線，熟悉國際間的網絡作業。

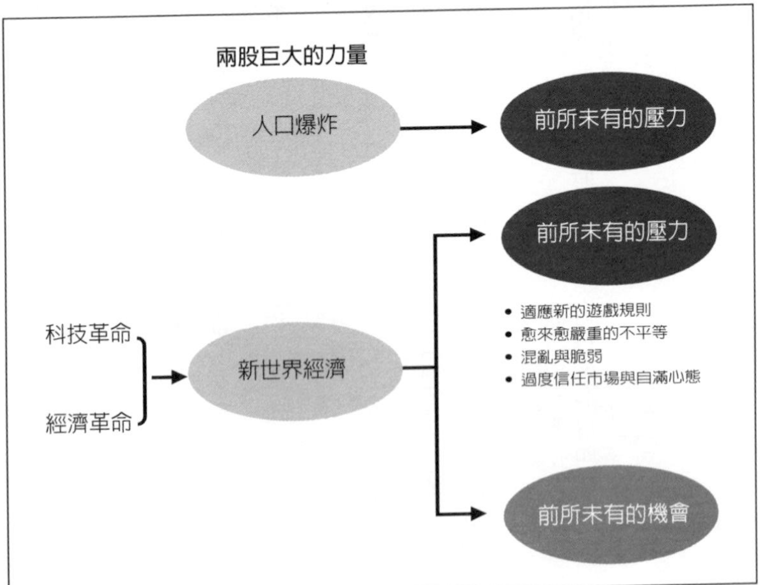

圖5-2 新世界經濟——前所未有的壓力

・**知識密集**——你必須善於持續學習；學如逆水行舟，不進則退。

・**高度競爭**——你必須百分之百值得信賴，否則商機就會轉移到其他人身上。

不論喜歡與否，國家、部門、公司、組織以及個人都必須留意這些新的遊戲規則，因爲這些規則愈來愈能夠決定成功或失敗。富裕與貧窮之別，現在伴隨著其他明顯的區分方式：是否熟悉網絡與網際網路、是否持續學習，以及是否完全值得信賴。所有的玩家都會去適應這些新規則，所以可想而知會產生很大的壓力——這些是會使人不快的壓力，因爲它要求你必須在壓力之下改變習慣，學習新技巧，即使你認爲自己已經做得很好了。

第二種壓力與前一種有關，是國際之間與國內的愈來愈嚴重的不平等。如同前文提到的，新世界經濟有利於那些迅速的、熟悉網絡作業的人、善於學習的人，以及值得高度信賴的人，讓擁有這些特質的人得到極大的報酬——有些分析家更稱之爲「贏家通吃的社會」。無論如何，新世界經濟給予它的寵兒更多的報償，但使缺乏這些特質的國家嚴重邊緣化，因此造成國家與國家之間愈來愈嚴重的不平等。

前二十個最富裕國家與二十個最貧窮國家的所得比率，在過去四十年間已經倍增到四〇比一。新世界經濟會擴大這種差距。在開發中國家，最受到關注的是一群五十個左右的所謂「低度開發國家」，大多位在非洲，陷入了被新世界經濟棄置的危機。因此，除非有戲劇化的事出現（參見第二部），否則國家之間的懸殊差距將會在業已高度不平等的世界愈形惡化。而也可以預期開發中國家之間的不平等現象會加重；非洲的模里西斯與撒哈拉以南的非洲國家之間愈來愈明顯的對比，而共處一島的多明尼加共和國與海地形成了兩個世界。

各國內部也出現愈來愈不平等的徵兆。美國全國人口中收入最高的前五分之一與最低的五分之一之間的收入比，從一九九〇年的一八比一，到二〇〇〇年變成二四比一。資方給付大學畢業生的補償保險費，與高中畢業生相較，在一九九〇至二〇〇〇這十年間的比數也增高一倍。這一現象首先出現在横跨盎格魯撒克遜地區，現在則在其他國家也可以看到：相對於無一技之長的勞工，新世界經濟似乎提高了付給擁有知識者的報酬。

各國內部的不平等現象持續增長，八〇年代的拉丁美洲國家就已經出現，現在甚至連中國的城鄉差距也愈來愈明顯。而像俄羅斯、吉爾吉斯共和國、亞美尼亞這些國家，已經很快變成全世界國內差距最大的國家。這些嚴重的國內不平等現象不只出現在所得方面：巴西北部的幼童死亡率現在高達巴西南部地區的五倍。這些不平等現象日益普遍之後，可以想見會帶來更多的壓力。

第三類的壓力與**新世界經濟中的動盪**與**脆弱**有關。有各種跡象可察。

金融市場一陣子就發生一次的動盪——例如一九九七至九八年在亞洲、俄羅斯、巴西，以及時間更近一些、發生在土耳其與阿根廷的情況——隨著新世界經濟的發展，金融動盪也蠢蠢欲動。爲什麼？設想以下兩項事實：首先，全世界股票和債券的總額度，在一九八〇年只有十兆元美金，一九九〇年時是三十兆元美金，而現在則超過八十兆元美金。其次，持續增長的金融市場大餅現在操在投資經理人手中，他們比前輩更能迅速地將資金撤離任何不可信任的公司、國家或地區。好比海面上的波浪逐漸增強，就更容易突然轉向。事實上這便是一九九七至九八年亞洲金融風暴的現象——雖說朋黨資本主義、管理草率的金融機構以及不切實際的匯率政策也是主因。不論如何，當波浪愈滾愈大、愈來愈無法逆料，即使是管理良好的小型經濟體也可能會翻覆。

此外，在金融市場之外，新世界經濟本身的變化迅速也是引起動盪的原因。企業愈來愈需要在所處產業與商業的概念月月更新的情況下做出大量投資決策，其結果可能會是引起重大餘波的嚴重錯誤。案例之一：通訊業為了取得歐洲的3G執照，使行動電話可以連上網路，在最近幾年中付出了超過一千億美金。但最近的研究顯示，只有四%的行動電話使用者眞的對這項服務感興趣。現在仍不清楚這樣匆促的舉動會對這些企業與相關的銀行造成何種影響。

伴隨著動盪現象及其引起的壓力，新世界經濟本身也造成一種新型的潛在壓力：脆弱。各國中央銀行都發現愈來愈難以管理那些他們應該要管理的事物——儘管他們不願意承認，但他們的角色愈來愈剩下象徵性的意義。一九九八年晚期，紐約的長期資本管理公司（Long-Term Capital Management）的避險基金所引發的驚人危機，顯示出複雜而又不為人所了解的金融產物可以在誰都無法預料之處變得脆弱不堪。

而當全世界的付款、償債、信託業務系統如我們所預期的走向整合之際，其效率之提升，代價卻可能是使整個系統都因為一次嚴重的崩毀而受創。二〇〇一年九月十一日，恐怖份子對美國的攻擊讓許多人了解到，下曼哈頓金融區地底下錯綜複雜的線路已經形成全世界最大的電子交易市場；一旦數百萬條電話線路短路，交易市場可能就癱瘓了。

自網際網路的使用範圍擴大後——從處理訂單、保持火車通行無阻、改變電力配送方向等——更惡化這種脆弱特性。對某些心懷不軌的人來說，要癱瘓掉網際網路核心某些關鍵的交換與定址中心並不是做不到的事。有四分之一的網際網路流量很明顯地都要通過美國維吉尼亞州泰森角（Tyson's Corner）一家牛排館旁的建築物。據說美國政府現在考慮創造一套獨立於網際網路外的政府安全網絡，好讓重要的聯邦政府工作不致再受到網路攻擊。

另一個關於脆弱的案例：自從取消管制後，美國航空工業發展出軸輻式網絡系統，使現在八〇%的美國空中交通必須在最繁忙的一%的機場起降。如果一個或幾個大的中心點出了問題，就會擴及整個路網。在新世界經濟裡，我們將會看到愈來愈多這類的脆弱現象出現。

第四類與新世界經濟有關的壓力不容易清楚描述；它與**過度信任市場**，以及由此而來的**自滿心態**有關。

隨著中央計畫模式從此消失永不復返，愈來愈多的政治人物和其他人都把市場經濟當成所有問題的解決之道；有時候還會責罵政府，而他們自己分明是其中一份子。不論是因爲懶得動腦還是出於意識型態，這些自由市場的基本教義派沒有看到：中央計畫經濟派確實是笨蛋，但市場也是個呆瓜——是一個有效的呆瓜，但仍舊是呆瓜：如果只靠市場本身的機制來運作，市場會亂成一團。這種自負心態裡有兩種嚴重的危險。

首先，如果我們把所有的問題留給市場去解決，新興的社會問題就沒有人處理。舉例來說，即使是在美國或其他某些低失業率的國家，新世界經濟似乎使得「終身任用」變得更難。要解決因此而來的不安全感，方案之一是使退休金更容易取得——但市場不會自己來做這件事。我們已經看到，相對於有特殊技能者而言，新世界經濟在短時間內就降低了缺乏一技之長者的報酬。對此，同樣的要確保最低工資不會像在某些富裕國家一樣低得不合時宜。再次強調：市場不會自己來做這件事。如果我們相信市場會解決所有問題，那麼在未來二十年將會面臨非常多不必要的社會壓力——以及相當多的街頭抗爭活動。

其次，這種認爲市場會解決一切問題的想法，甚至會帶來更嚴重的問題。市場本身不經思考的擴張，儘管短期之內就會有成效，但在地球業已過度負荷因人口增加而來的壓力之時，市場還持續嚴格考驗地球的承載能力，這不可避免會帶來市場自身的長期問題。這不是意識型態的問題，而是物理限制的問題。一位日本禪學大師在臨死前告訴門生：「我這一生只學到一件事：多少叫做足夠。」

關於限制這回事，新世界經濟並不懂——繁榮的二十世紀下半葉出身的大部分政治人物和思想家也不懂；大家都過度信任市場機制了。這正是可能在二十一世紀引發討論或爭議的重要議題。偉大的經濟學家凱因斯（John Maynard Keynes）在半個世紀前就已察覺到此，他認爲人類社會未來會何去何從，基本論辯只在於這個：留下多少餘地給「作爲經濟機制主要驅動力的賺錢與愛錢的本能」。我們可以預期在這樣的論辯上會有許多壓力；如果這論辯沒有結論，壓力會更大。

6 複雜性釀成危機

如同前幾章所說明的，新世界經濟對各方人士都帶來前所未有的契機；包括讓開發中國家迎頭趕上的機會；但同樣也帶來不同範疇的壓力——人口增加帶來了更多社會與環境的壓力。

人口成長與新世界經濟如同兩股間歇泉，噴湧出經濟、社會、政治以及環境各方面前所未有的複雜性。人類的問題變得愈來愈急迫、愈來愈向全球蔓延，而就技術面與政治面來說也愈來愈難以解決。由複雜性引起的危機正在醞釀。

這兩股力量所產生的快速變遷，與社會體制的遲緩進展形成十足的對比——社會體制只會直線式地緩慢進展。無論是民族國家、政府部門、國際組織或是任何形態的大型企業。

相反地，這兩股造成變遷的力量則是以指數性的曲線顯著成長。人口增加的壓力引發了呈現指數成長的「短缺」現象：空間不足、水資源不足、耕地不足、乾淨的空氣不

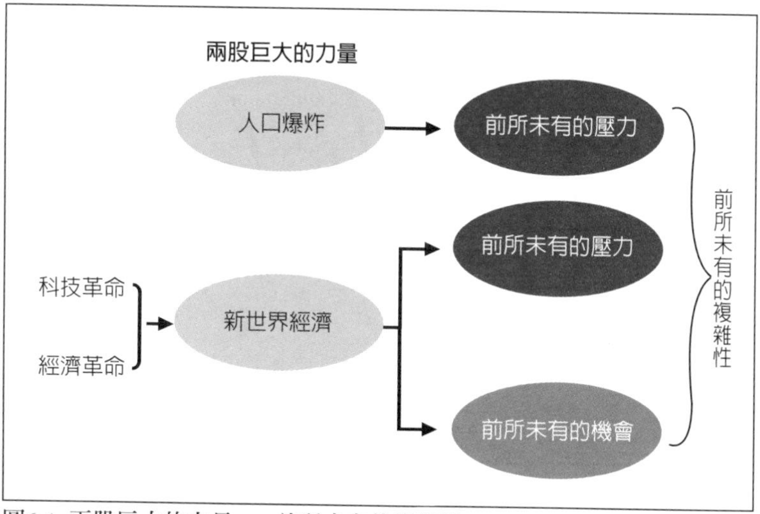

圖6-1 兩股巨大的力量——前所未有的複雜性

足、動植物種類不足等等。

推動新世界經濟的力量，則是指數成長的「充足」趨勢——請回想摩爾定律、桑默斯的正反饋概念，以及伊凡斯與伍斯特關於不再需要在訊息的傳遞範圍與豐富程度二者間權衡的論點（參見第四章與第五章）——再加上梅特卡夫定律（Metcalfe's law）：一個網路的價值，是使用網路人數的平方值。再回想新市場、新產品、新的做事方式的一些例子——例如：贈送商品是如何在突然之間變得有意義。

當這兩股力量得到動能之後，其成長曲線會離開社會體制的線性曲線，呈指數快速增長（參見圖6-2）。

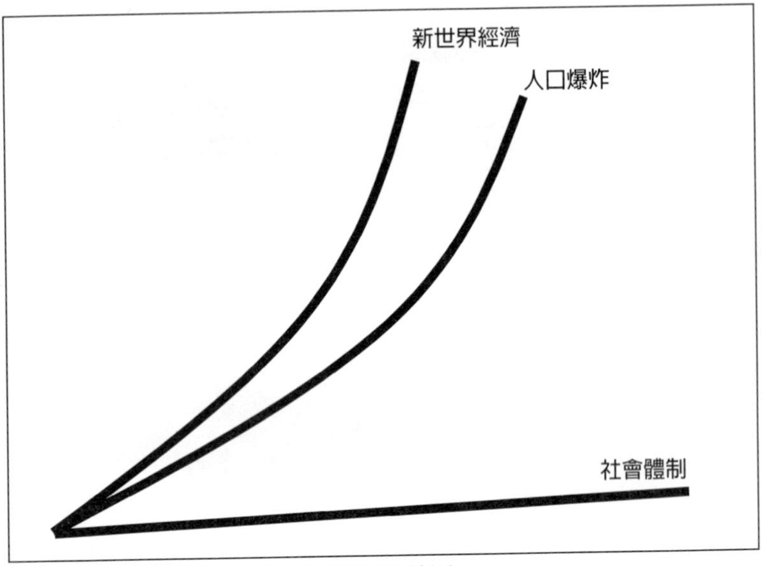

圖6-2 兩股巨大的力量與社會體制的曲線圖

不僅如此，時間本身也會斷裂成不同的領域，時間會以「狗紀年」（dog years）的速度沿著人口和新世界經濟的曲線流動。當一隻狗兩歲大，我們會乘以七，說牠已經是人類年齡的十四歲大了，我們可以這麼說：在人口成長的曲線上，每喪失一年對抗全球暖化的時間，相當於喪失了七年。而在新世界經濟的曲線上，亞馬遜網路書店（Amazon.com）存在的三年，價值美金一百五十億元——彷彿它已經存在了二十一年之久。不久前還在生產衛生紙與其他不怎麼出色產品的諾基亞（Nokia），近年來已占有全世界行動電話市場的三五％。

相較之下，時間在社會體制的曲線上，則是以「官僚年」(bureaucratic years) 的速度在緩慢流動。有些事情應該可以在一年之內完全改變，卻要花七年時間。因此，在「壓縮年」和「官僚年」——請允許我使用這個奇怪的比喻——之間已產生出巨大的衝突；難怪人們會覺得有兩種不一樣的時鐘在滴答作響。

我們仔細觀察社會體制的曲線——社會體制努力追求改變時，這個曲線會陷入重壓。

7 三種新現實

各種社會體制正在努力因應眼前的重大變化，因爲它們本來就不是設計來因應這些變化的；有關公共治理的體制尤其辛苦。這樣的應變努力將會使社會體制超出原有的架構，反映出三種新現實。

從階級到網絡

第一種新現實，與承襲已久的階級組織的侷限，和轉變成更靈活的組織形式的需求有關。各種社會體制——國家、政府、政府單位或機構、多邊組織、教會、跨國公司、各種大型組織——都反映出一種從工業時代甚至是農業時代繼承而來的階級組織模型。在變動頻繁而複雜的時代，傳統階級組織已然不足——世界的未來，屬於較扁平、較迅速、網絡化的組織。

爲什麼？在傳統的階級組織中（參見圖7-1左側的金字塔圖形），資訊的傳送先透

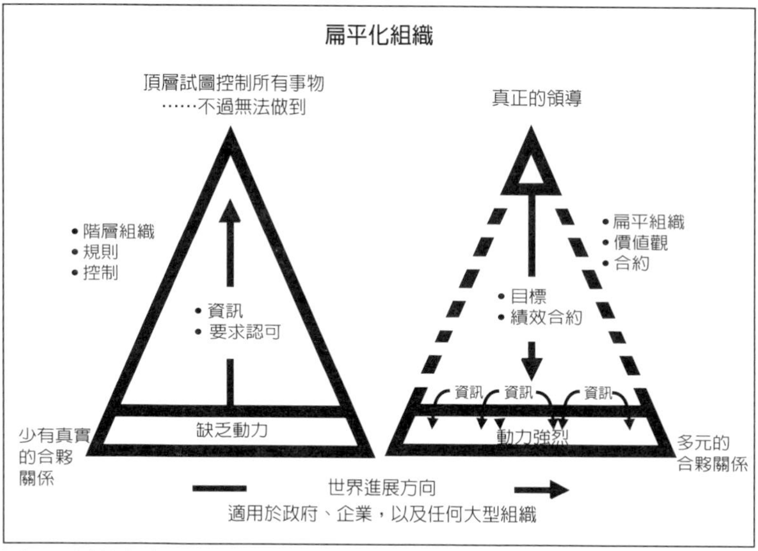

圖7-1 新現實之一──扁平化組織

過各種中間與資深的管理階級，最後才上達頂端的領導者。這套系統藉由各種階級、規則以及控管而運作。但階級組織在面臨各種變動時會導致三種弊端。

首先，階級組織**缺乏彈性**，而且面對外在變化的調適速度緩慢。資訊在抵達最頂層之前，得先經過漫漫長路；每一層級都為了某種既定利益而將資訊攔截下來，不情願將壞消息往上傳達。階級組織的規則與控管措施是設計在承平時期來完成使命的，因此十分僵化；到了變化日趨劇烈時，這些設計就變成負擔了。

其次，階級組織中的人習慣於當

資訊的**傳遞者**而非獨立的**行爲者**，這種心態大大影響階級組織工作者的士氣與幹勁。大型階級組織免不了或隱或顯地存在不愉快的氣氛，尤其是在管理高層。大部分人最後都喪失動力。一旦變化密集發生時，許多工作者都缺乏動力去用不熟悉的方式迅速回應。

最重要的一點是，應該要能掌控一切並發號施令的高層領導者，在面臨快速變化時卻反應不及而慘遭滅頂，就像那些國際組織的管理者，陷在堆了一、兩呎高的日常備忘錄、報告和數百封電子郵件裡。一九九七年八月亞洲金融危機肇始之際，在泰國的中央銀行與政府領導階級中簡直找不到可以對談的人——他們全都被打倒了，只想找尋退路。

大體來說，經營大公司、政府部門以及公民社會組織——任何大型階級組織——都是令人望而生畏的差事。企業執行長的平均任期愈來愈短，蜜月期很快就結束。近來，突然從最高領導階級出走而選擇去過新生活的企業執行長愈來愈多——我馬上可以想到嘉士伯（Carlsberg）、美國線上時代華納、英國電訊（Energis）、倫敦查德公司（Lazard London）等企業領導人的例子。

因此階級組織並不適合我們所要邁入的時代，然而這並不表示所有的階級組織都得廢除——還是有很多領域或機能少不了它們。但作爲社會體制的一般模型來說，階級組織注定無法生存——主要是因爲階級組織遠遠落後於社會體制的發展曲線（參見圖6-2）。階級制度太緩慢、太僵化、太自我，太陷於某種持續存在的惡劣氣氛裡無法自拔。而且大多數時候，階級組織的領導者自己也搞不清楚狀況。

舊式組織將面臨向新的組織型態邁進的改革壓力——往圖7-1右半部移動。新一代的組織受到網絡概念啓發；它們會更扁平、更精簡、更有彈性，而且沒有那麼多傳統階級組織的中間和資深管理階級。

爲什麼？因爲資訊並不會直達天聽，而是停留在組織的底層——也就是在輸入端，人們與顧客、供應商以及合夥人連結之處。資訊會停留在可以隨時準備用以適應各種需求之處，而且將有許多的合夥關係在此萌發——這是傳統階級組織中比較不容易產生的概念。

在扁平的、網絡化的組織裡，人們不再只是資訊的傳達者——他們得到授權，可以獨立運作。然而領導者仍然扮演重要的角色：並不是透過控管與瑣碎的指令，而是慢慢灌輸基本的願景、價值觀與目標給組織，並掌握員工的工作績效。換句話說，領導者會運用**眞正的**領導能力，結果是使組織擁有強烈的動力基礎。

這並不是不切實際的想法，而且已經在逐步實現中。設備製造商ABB和小型製造廠NUCOR公司都已在九〇年代早期率先進行實驗——到目前爲止，大多數的企業都已試著進行組織改革。坊間以「變革管理」(change-management) 爲主題的相關書籍可說是汗牛充棟。教會、工會、大學——事實上是達到某種規模的所有組織——都面臨改革的壓力。在美國甚至還有要扁平化軍事司令結構的提案——將更多責任移交給低階指揮官，並且透過資訊科技的網絡，以更精巧、更機動性的力量管理大型區域。

這麼做有很好的理由：扁平的網絡化組織肯定更聰明、適應性更強，比傳統階級組織更能迅速自我轉型。當改變的速度隨著複雜性而提高時，就很需要這樣的靈活組織。這便是資訊時代組織的新現實——和傳統農業時代與工業時代的舊組織型態全然不同。

有趣的是，這在某些方面是進步的，但在某些方面卻是倒退的。科學家研究人在新型扁平化組織環境裡的行爲，認爲扁平組織裡的人，其行爲比較像是兩萬年前狩獵採集時代的行爲——組成臨時的團隊、行動敏捷、長時間投入一項工作計畫然後休息，並且只在某種領導權威證明其實際價值的時候才會接受它。

可以確定的是，當傳統組織努力朝向圖7-1右側移動時，會面臨許多壓力。政府體制最難以撼動，因而需要最大的努力，例如最固守形式的組織，外交部。紐西蘭政府在九〇年代進行改革：高層官員會拿到其管轄部門的資產負債表，並且被授予高度自由運作的空間，但必須符合立法機構所設定的目標，否則就得丟官。

儘管會涉及許多困難與爭議，但應該還是會有許多國家也開始嘗試類似的作法。大體而言，將階級組織朝更靈活、更網絡化的方向發展，顯然是提升社會體制發展曲線的主要方式之一（參見圖6-2）。

努力掙扎的民族國家

第二項同樣壓力沈重的新現實，是關於一個頗受信任的體制——民族國家——的掙扎。民族國家以及國家主權的觀念，通常可追溯至一五五五年的奧斯堡和約（The Peace of Augsburg），其中提到每個統治者可決定該國的宗教信仰。這方面的觀念也常和一六四八年的西伐利亞條約（The Treaty of Westphalia）相聯結，當時歐陸強權因三十年戰爭（Thirty Years War）受創，而立下此條約同意各國受其統治者統治。民族國家的意涵持續演進，現在則是一個由地理邊界所定義的領域概念（參見圖7-2）。

如圖7-2所描繪的，在民族國家的地理領域之內有政治體系、環境體系和經濟體系。當民族國家可以牢牢控制這三者時，主權的度量表就是一百——這只是一種說法，因為這種情況可能永遠不會出現。

目前正在發生的情勢，會在未來急劇變遷的二十年內更頻繁地發生——人口成長和新世界經濟這兩股巨大的力量，會在國家邊界外逐步撼動一國國內的經濟體系與環境體系。

舉例來說，新世界經濟的力量正在創造出跨越國界的經濟體系——回想一下華盛頓地區的醫生，經由衛星連線口述備忘錄給印度的打字員（參見第四章）。這些業務的獲利（非常高，一行字收費九分美金，差不多是華盛頓地區打字員的一半價錢）可以在美國或印度登記並納稅。然而，美國政府對此逐漸失去掌控力，而印度也是。這說明了經濟體系的循環開始

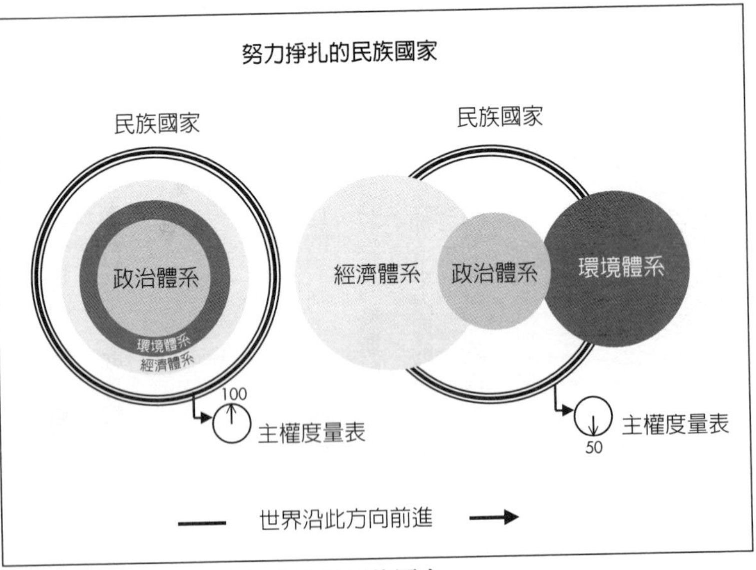

圖7-2 新現實之二——努力掙扎的民族國家

移到國境之外。第四章和第五章中還有許多其他案例，第十四章也會再討論。

同樣地，帶來各種壓力的人口成長也有撼動經濟體系的力量。回想一下以煤炭爲主要能源的中國發電廠，足以將酸雨傳送到日本（參見第二章）。全球暖化、區域性缺水，以及其他伴隨人口增長而來的壓力，也逐漸稀釋掉民族國家對其環境體系的控制權。愛滋病和具抗藥性的結核病等不受國界限制的疾病，正以空前的速度橫掃全世界。

隨著這些事情的發生，與另兩種體系失去連結的政治體系最終也將疲弱不堪，主權度量表降到五十——再次說明，這只是一種象徵性的說法。

民族國家的掙扎並不是單一的現象。它伴隨著一種對傳統政治人物和政治活動日益感到疲倦的跡象。全世界各地的傳統政治活動都在動搖：選民愈來愈不容易死守著一個政黨，而蜜月期也愈來愈短。針對美國與歐洲年輕人的研究顯示，年輕人對於傳統政治階級沒有好感。

此外，左派與右派的爭論也讓位給另一種形態的爭論：一邊是抗拒當前變化的人，另一邊是那些視改變爲契機的人。你會發現政治右派與左派份子統合在一起抗拒改變，且其密謀昭然若揭。而那些視改變爲契機的人——根據在美國所做的研究顯示只占全部人口的三〇%左右——往往苦於左右派聯盟的阻撓。

因此第二項新現實是一種混合體：努力掙扎的民族國家，以及傳統政治體制日益增加的挑戰，共同形成政治中持續存在的惡劣氣氛——報端近來便充斥著地區性、國家性或全球性的各種相關事端。民族國家的掙扎本身並不容易察覺，但別搞錯了，這是一項偉大而歷史性的奮鬥。

新形態的合作夥伴關係

第三種新現實與公共部門、民間企業及公民社會的互動有關。我們習慣於每個團隊各據一方、互不合作的模式。其中，企業界受到如傅利曼（Milton Friedman）這樣的理論家鼓勵，自掃門前雪，只在乎自己的盈虧底限。公民社會則保持自己局外人似的批判角色，很少勇於提出實際的解決之道交由公衆審視。而政府傲慢地自以爲能了解有哪些事物需要調整、什麼是好的，以及事情應該如何處理。

當改變來得又快又深刻時，這樣的分隔就無法成立了。爲什麼？

首先，公民社會——包括非政府組織（NGOs）、倡議團體、工會以及宗教組織——已成爲一股強大的力量。已知的國際性非政府組織數量，從一九九〇年的六千個，到二〇〇〇年時成長到兩萬六千個。而在各國之內，非政府組織和公民社會的其他組成份子也

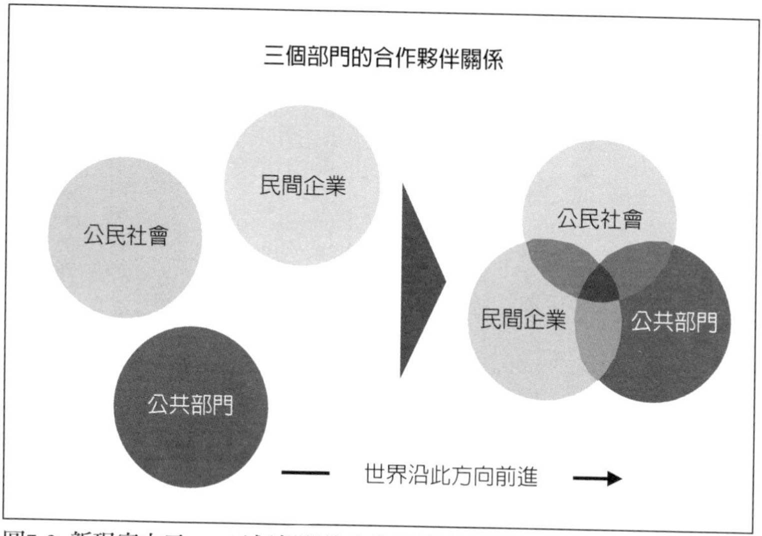

圖7-3 新現實之三——三個部門的合作夥伴關係

是一股重要的勢力：美國有大約兩百萬個非政府組織，其中七〇%創建於七〇年代。即使在東歐，在這十年內也有超過十萬個非政府組織湧現；而且有些是非常龐大的組織：如世界自然基金會（World Wide Fund for Nature）就有五百萬名會員。

除了人數衆多之外，公民社會因爲愈來愈善於運用新科技而變得更有力量。數以萬計的網站、即時新聞服務以及預警系統均蓬勃發展，且以此構成與非政府組織和其他公民社會團體之間堅實的合作關係。公民社會並且很善於兼顧訊息的傳達範圍與豐富性（參見第四章）。

一方面也是因爲這些新科技的緣故，持續成長的公民社會外緣團體甚至轉變成全球性異議聯盟。其中很強大的組織之一是活躍份子的電子網絡組織，集中在柏克萊、波特蘭與西雅圖，但還有許多其他網絡中的網絡結構。從西雅圖到熱那亞，這些批判者大多透過網際網路統合在大型異議聯盟之下，其中有人談到要組成「非政府組織群」（NGO swarms）。二〇〇〇年春天華盛頓的國際貨幣基金（IMF, International Monetary Fund）與世界銀行會議期間，有大約一萬名抗議者聚集。有趣的是，與會的各國財政部長們無法穿越警戒線，或是找不到新的會議召開地點。與此同時，抗議者的網站上卻可以看到國際貨幣基金大會入口的實況轉播，萬一警方使用催淚瓦斯的話，也可以知道風是往哪個方向吹，還可以看到詳細的議程和代表團的行程表。

除了人數衆多和善用科技、結集抗議團體的能力之外，音量和重要性逐日加高的公民社會還有其他目標。實際上，公民社會之中有些團體察覺重大變化的能力，遠遠領先公共部門和民間企業，而且更善於發起全球行動。大部分民衆都了解這點，使得公民社會在民衆心中占了重要地位——美國與歐洲所做的研究顯示，一般民衆對公民社會的信任，遠高於對政府、企業甚至對媒體的信任程度。這造成了一種原始然而眞實的正當性形式。有些人質疑這種正當性，認爲它既沒有代表性，甚至是「未經民選的專制」——

不過並不清楚這些提出質疑的人打算怎麼做。

最重要的是，有些公民社會的組織具有許多領域的廣博知識——例如環境、教育、衛生、金融市場等。如果沒有這些知識和公民社會的組織所帶來的特殊觀點的話，很難想像如何能夠解決複雜的社會、環境、經濟問題。

不過，如果沒有企業的積極參與，也很難解決未來二十年的複雜難題。大型企業和公民社會一樣比政府更具優勢，因為大型企業有全球性的優勢。當民族國家還在掙扎要保有領土主權概念時，大型的跨國企業正將其觸角延伸到許多國家——最大型的企業可以延伸到一百多個國家。

不論企業是造成了問題或帶來了解決方案，它們都擁有知識與財力的優勢。像思科這樣的企業決定要涉足教育領域時，它的影響力足以遍及許多國家：到二〇〇一年，已有十五萬七千名學生在六千八百個「網絡學院」註冊——這是思科短時間之內在大約一百三十個國家建立的學院。當急迫的世界議題發生時（參見第二部），企業也一定會被徵召去提供解決方案，這是過去從未有的事，帶來了可再生能源、海水淡化、新疫苗與藥物、安全銀行業務、森林的永續發展等各方面的突破。大企業甚至可以成為有益的全球性力量，例如聯合利華（Unilever）保證從二〇〇五年起將只向保證可以永續經營的漁場購買漁獲；而當美國加州的大型私人退休基金「加州公務員退休基金」（Calpers）決定從無法符合其人權與勞動條件、金融透明門檻標準的國家撤資時，更造成不小的震撼。

而企業，特別是大型的跨國企業，比許多政府更能放眼未來——率先使用長期情境模擬的豐富路徑探索未來的，是殼牌石油（Shell）而不是政府。大體來說，過去二十年來已有相當多的大型企業走過「企業責任」的階段，負起更多責任。一開始時，有些企業成立小型的公益慈善部門。後來，被非政府組織責怪爲造成了勞方與環境的影響時，他們便設立更大型的企業責任部門。接下來，有些企業就自己著手發展，像是思科就開設了網絡學院。現在，有些企業很樂意和政府與公民社會一起解決不是企業本身領域的迫切問題——不爲了商業的理由，而是企業和公民社會一樣，也開始認眞思考世界在未來十年或十五年會變成什麼狀態。

公民社會和企業事實上已經開始配合飽受攻擊的公共部門。爲什麼公共部門會備受攻擊呢？原因之一是人類事務變得愈來愈複雜。長期資本管理公司的避險基金在一九九八年發生崩盤危機時，整件事的影響規模之大、情況之複雜令聯邦控管機構瞠目結舌。再看看發生在美國境內、規模和複雜性也很大的恩隆公司（Enron）倒閉案——這家不受控管的大型能源公司，經營著從氣候衍生性（weather derivatives）到光纖寬頻等兩千種產品。看看通訊管制機構竟試圖管制這種每六個月就會變化一次的行業，而亞洲的市政府員工十年後該如何面對嚴重的壅塞。

雪上加霜的是：世界各地最優秀、最聰明的人都漸漸離開公共部門了。一九八〇年時，哈佛大學甘迺迪政府學院（Kennedy School of Government）有四分之三的畢業生投入政府機關，現在只剩下三分之一。在全世界大多數地區，政府中階人員的薪資都低於相對等的民營機構。而在管理高層情況更慘：美國聯邦準備理事會主席葛林斯班（Alan Greenspan）年薪十四萬美元，相當於一個政府公債經銷商在九〇年代晚期的十分之一收入。難怪愈來愈多有才幹的年輕公務人員認爲公職工作不過是跳板：法國財政部就發現，要留住最好的員工是愈來愈困難了。

基於以上種種理由，讓我們別再冀望政府了——聯邦政府、區域政府還是地方政府都一樣，在缺少了公民社會和企業的幫助，政府沒有能力獨自解決明日的複雜難題。明日的問題是如此險惡而難難，公、民、企業必須結合彼此的知識與力量共同解決。

這一切都指向一個重要的新現實：政府、企業、公民社會之間要建立起合作夥伴關係，才能解決這些棘手的問題。一開始可能會讓人覺得不習慣，因爲需要採取全然不同的態度，但期待這三方的合作夥伴關係能在全球、區域、在地的層次上，在未來二十年蓬勃發展。在第三部中，我們會看到這三方如何在全球層面上合作，也就是世界議題網(global issue networks)，其設計也反映出其他兩種新現實——扁平的網絡化組織，以及不同於民族國家現行方式的做事方式。

第二部

迫在眉睫——二十項全球課題尚未解決

8　危險的鴻溝

這個時代最大的挑戰之一，就是在下頁圖8-1中的曲線之間的距離拉大時所造成的鴻溝——一旦各種體制無法處理那兩股在未來二十年裡會以指數方式成長的力量，就會出現這個鴻溝。

怎麼辦呢？很多人以爲這道鴻溝會減緩人口成長和新世界經濟的洶湧態勢，但如同第一部所說明的：那是不可能的。這兩股巨大力量並不來自刻意的決策，而是由強大的內在力量所推動——人口成長模式、擋不住的科技革命，以及自二十世紀的中央計畫經濟實驗崩盤以來，從日益擴張的市場機制中興起的經濟革命。也許可以把新世界經濟的發展曲線稍微擋住——但擋不了太多、也擋不了太久——即使是小小的延誤也都會喪失相當多的機會，例如最貧窮的國家正等著貿易自由化政策讓它們受惠。

不過，眞正的挑戰是要提升社會體制的曲線，特別是負責治理的公共體制。這意味著要基於第七章所說明的三種新現實認眞思考並重新創造這些體制——且必須符合三項

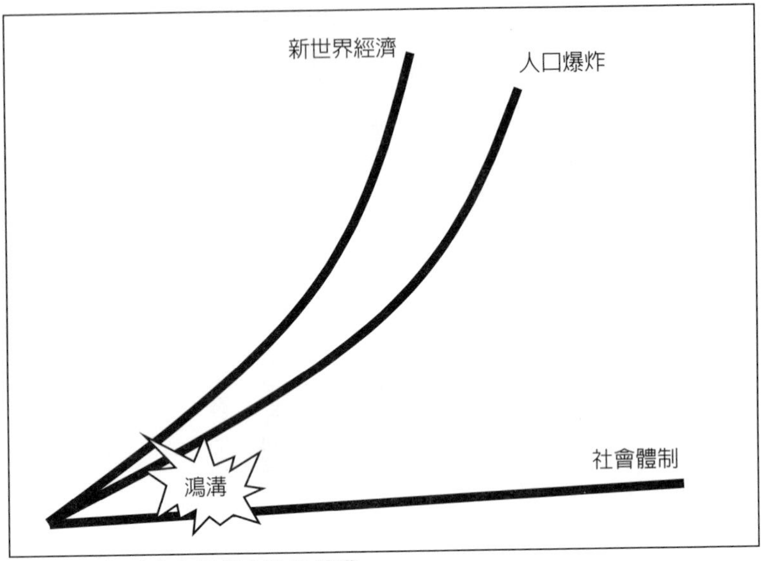

圖8-1 兩股巨大力量與危險的鴻溝

要件：超越傳統階級制度、超越民族國家現行的做事方式，並超越目前政府、民間和公民社會各領域之間說不過去的分離現象。

這很難做到。與既有形式緊密結合的體制，比個人更抗拒改變。因此我們目前正面臨兩種危機：一是**複雜性引起的危機**，這是由人口爆炸和新世界經濟曲線的壓力所造成的；另一個討厭的孿生兄弟則是**治理的危機**，這是來自體制的僵化與提升社會體制發展曲線本身的困難。

這不是這對孿生危機首度浮現。十九世紀大西洋經濟的整合，使美國和歐洲之間以及歐洲內部的經濟也隨之迅速整合。而這個似乎無法阻擋的趨勢引起了劇烈的反挫，造成全球不平等與政治的不穩定——如同經濟學家歐儒客（Kevin O'Rourke）與威廉森（Jeffrey Williamson）針對十九世紀大西洋經濟的貿易、移民與資金流動所做的研究結果。

其後的發展，更淸楚證明了當太多人被經濟變遷拋在後頭，而治理機構也應變不及時，就會引發劇烈的反應。一次世界大戰後，變遷的腳步再度加快：全球經濟再度整合，電力供應對工業的影響愈來愈大，而現代分工於此時誕生（參見第三章）。但這個時期的快速變遷後來因爲經濟大蕭條與二次世界大戰而停頓下來。有遠見的思想家博蘭尼（Karl Polanyi）分析一九四四年的反挫現象，認爲太急劇、並且是在制度眞空狀態下的經濟與社會變動，會導致政治上的激烈反動和專斷獨裁的統治，摧毀了開明的價值觀與人類的自由。

但博蘭尼也提出對策。在二次大戰的嚴峻考驗後，博蘭尼號召戰後的世界利用「控管」與「制度」的力量——我們現在可稱爲治理——以強化「複雜社會中的自由」。當代人士如德國哲學家哈伯瑪斯（Jürgen Habermas）也受到此種想法所啓發：他對「全球規模的國家政策」的追求正源自同樣精神。認爲世界會演化爲「複合式互賴」（complex interdependence）的政治科學家奈伊（Joseph Nye）與基歐漢（Robert Keohane），也提出一套「全球複雜性」的看法：即使世界變得多元而多變、權力結構愈多樣化，在這同時也會變得更平和而和諧（第三部會繼續朝這個方向詳細討論）。

此時此刻，我們正面臨治理的危機；此危機尚未解除——甚至會再持續多年——全世界會面臨如圖8-1所描繪的危險的治理鴻溝。

就在這道鴻溝中，各式各樣的禍患孕育而生；例如一九九七至九八年的金融危機，以及最近阿根廷與土耳其的騷動。世界各地的人都懶得再期待政治人物能對付這些重大議題。形形色色的異議團體集結成龐大而積極的聯盟，在各種大型國際活動上抗議；他們認爲現有體制不符合需求，也無法因應正在進行的重大變化。更嚴重的是，二十項迫切的世界議題顯然被忽視了，而這些議題必須在未來二十年內解決；其中一項就是全球恐怖主義——世人直到二〇〇一年九月十一日才突然發現這項議題的急迫性——而這只不過是衆多議題中的一項罷了。

9 思考全球問題

回想最近十年左右的情況：如果你是富裕國家的居民，看到貴國的政治人物一味只憂慮大學學費政策、是否採用歐元、每週工作時數限制、家庭計畫、選舉資金、以及利率調整的問題等等，而更嚴重的全球問題卻完全被棄之不顧，你是否會感到焦慮不安？你是否會處處感到疑惑：是短暫的選舉周期與大部分政客奉行的領土效忠比較重要，還是更爲嚴峻、跨越國界的長期性議題比較重要？

如果你最近十年是居住在開發中國家，你一定也會有類似的感受，尤其對於那些重大而不被重視的問題感受強烈。這些問題所造成的效應可能就在你四周發酵：環境壓力、貧窮、種族衝突、傳染病以及其他種種問題。此外，你也許會感到絕望，不只是因爲政客短視，也因爲政治體系的腐敗或缺失：朝令夕改的政府、墮落的菁英族群和部會首長，在事情順利進展時便吹噓自得，到了必須下重大決策時又隨時可以歸咎於外援機構。當權者有好多令人匪夷所思的作爲。

從南半球到北半球，最重要的全球問題都被忽視。思考以下這些問題，令人深感不安——我們對全球暖化和其他嚴重危害環境的問題做了什麼？我們對全世界的貧窮問題和遏止新傳染病的散布做了什麼？我們在加速對抗非法藥物的事做了什麼？我們在重新思考貿易、金融危機管理，或以全球視野來看待智慧財產權的這些議題上做了什麼？我們如何確保生物科技和電子商務可能出現的問題都在掌控之中，或者至少建立起最低限度的全球性規範？

我們首先必須克服最根本的問題：現行的解決全球問題的方式都沒有效果，也太過緩慢，而這可說是「治理鴻溝」所造成的弊害。簡單來說，目前針對全球問題的解決方案根本沒用，我們需要更有效而快速的解決方式。「世界政府」的概念根本不可行，我們應該尋求其他的替代方案。在進入探討解決之道的第三部之前，以下幾章先仔細看看我們未來二十年要面對的世界議題。

10　二十項全球課題何時解決？

面對著愈來愈多傳統體制似乎無法處理的複雜全球課題，即使是專家也會感到挫折。圖10-1列舉了其中一些課題——幾乎都是處理失敗的例子。

・儘管全世界對全球暖化危機幾乎已達成共識、儘管有一九九二年的里約全球高峰會和一九九七年的京都議定書（Kyoto Protocol），已開發國家在約束碳和其他溫室氣體的排放量一事上仍然沒什麼具體的進展。由於相關操作細節的討論拖得太久，許多富裕國家的廢氣排放量甚至還比以前多。二〇〇〇年十一月的海牙協商失敗後，美國小布希政府對京都議定書表達反對立場❶。二〇〇一年七月的波昂會議，美國退出，與會各國在最後關頭擬定了一個效力薄弱的協議，不過沒有清楚規範到是否要降低碳排放量，也沒有規定時程。同年十一月在北非摩洛哥的馬拉喀什（Marrakesh）增訂了波昂協議的細節。到二〇〇四年五月，俄羅斯表示「將會加快簽署的脚步」，而美國仍拒絕簽署。如果已開

圖10-1 全球課題舉隅

發國家集團的碳排放量可以在二〇一五年以前降低到比一九九〇年時更低個二%的水準，就算很不錯了；儘管這還是遠低於京都議定書希望達到標準——但京都議定書的標準也還離真正的需求有一大段距離。京都議定書仍然存在，但終究不夠完善。

・熱帶雨林的面積每年持續減少一%；從一九六〇年迄今，減少的面積已超過五分之一。

・生物多樣性快速消失：哺乳類每五種就有一種、鳥類每八種就有一種面臨絕種的威脅。儘管國際間持續努力，但目前物種的滅絕速度，比正常的絕種速度還高上一百至一千倍。

・漁源枯竭，漁獲量卻超過能夠永續經營基準的一倍。這個問題幾乎沒有解決。

・許多開發中國家隱約浮現乾淨水資源短缺一五%至二〇%的問題，並且很明顯地是發生在某些情勢緊張地區，例如中東。總的來說，到二〇二〇年時地球上每三個人就會有一個人面臨無水之苦。目前爲止全球的力量大部分都只投注於提高對此問題的警覺性而已。

❶編按：《京都議定書》，一九九七年十二月，由一百六十個國家在日本京都召開的聯合國氣候變化綱要公約第三次締約國大會上通過的協議，以規範各國的溫室氣體排放量。其目標是在二〇〇八至二〇一二年之間，使全球溫室氣體排放量比一九九〇年減少五・二%以上。美國以「京都議定書」免除開發中國家對於溫室效應氣體排放減量的相關義務，會對美國的經濟造成負面衝擊爲由，因此無意批准「京都議定書」。美國是世界最大的經濟體、最大的能源消耗國，其無意履行「京都議定書」，將使全球降低廢氣排放的目標更難達成。

・除非我們能夠加速對貧窮奮戰，否則到二〇二〇年，每日生活費用低於兩元美金的人口會遠超過目前的三十億。然而富裕國家在過去十年間卻已降低三〇%的官方援助金額。

・改善全球金融環境以提升金融的穩定性，並降低金融危機的可能性，全球腳步仍嫌遲緩。

・全世界的稅制將受到難以捉摸的電子商務的嚴重威脅，而且還有其他需要重新設計稅制的理由——但對於該如何做，人們所思考的仍然不夠。

・全世界都追不上電子商務和生物科技飛快前進的速度，也沒能制定出最起碼的規範；而到目前爲止，國際上投注的力量也還不夠。

沒有受到適當關注的全球課題還多得很。但在列出所有問題之前，讓我們先來看看一個已有成效的案例：國際間逐步淘汰會使臭氧層破洞擴大的物質，使臭氧層能繼續保護我們免於受到太陽輻射的危害。

自從一九八七年簽署蒙特婁議定書（Montreal Protocol）以來，已開發國家可說全面禁止了製造或消費這些破壞臭氧層的物質——其中最主要是氟氯碳化物（CFC, chlorofluorocarbons）。到一九九九年爲止，生產這些物質的主要國家如印度、中國和俄羅斯，都已明確允諾要減少生產這類化合物。看起來似乎所有開發中國家都能符合凍結生產的目標，以及這份議定書規範的其他義務。有些分析家認爲，臭氧層的破洞將很快可以縮小面積，並在五十年內完全密合。

這項計畫能夠成功主要有以下幾個理由。第一，相關的概念簡單明瞭，沒有爭議的空間。就像有人說的：「臭氧層縮減，對任何國家都沒有好處。」第二，生產會破壞臭氧層的物質的國家很少，所以只需要爲數不多的國家提出承諾即可。第三，相關的科學進展很紮實，足以因應科學的新發現，所以替代的科技開發迅速。第四，再輔以專爲開發中國家設計的資金補助機制，全世界的政府和業界都承諾會採用這些替代科技。

不過，保護臭氧層是少數遵守了規範約束的特例。大部分眞正的全球問題，或謂「**本質上的全球性問題**」（IGIs, inherently global issues），並不易如此迅速而果斷地處理，等著我們頭痛呢。

11　屬於全球的課題

目前大約有二十個全球性問題，我們在未來二十年如何處理它們，將會決定地球的後代子孫過得如何。有哪些問題本質上是全球性的？大約在一九九九年年中，世界銀行的一個團體估計，該團體的業務範圍涵蓋六十個以上的「全球性」問題。其他機構與組織，例如聯合國開發計畫（Development Program）和卡內基國際和平基金會（Carnegie Endowment for International Peace），也都廣泛注意著跨國議題與治理上的難處。

但到目前爲止還沒有人能明確分析：哪些原因使某些問題成爲全球性問題——也就是除非全世界各國都加入行動否則無法解決的問題。另一方面，有些問題本來並不算是全球性的問題，例如東亞地區的空氣汚染、酸雨和非洲地區的各種地域性瘧疾，卻常被率爾宣稱是「全球性」問題，而這些問題其實可以在該國內或區域內解決。

或許只有二十項問題是全球性的問題，這二十項問題可以分爲三大類：

・首先，關於跨國效應與生存空間的物理限制的問題，也就是與「**全球公共資源**」相關的問題。這些問題談的是我們如何共同使用地球。

・其次是全世界關注的**社會**與**經濟**問題；要解決這些問題需要達到臨界規模，所以全球必須聯合起來。這些問題談到我們如何散播人道關懷。

・第三是關於**法律**及**控管**的問題，這些問題必須全球共同處理，以避免漏洞和搭便車現象。這些問題談到我們如何遵守同樣的規則。

以下三章將大略陳述每個問題的內容和重要性，以及我們能做的事項。我不會贅述全世界在處理這些問題上的失敗經驗或成果極其有限的嘗試過程。

要充分地概述這二十個問題，應該要由專家們分門別類來撰寫。本書的簡述比較不那麼學術性，對於可能出現的不正確或失衡之處甚感抱歉。這些文字當然比較個人化，因此可讀性比較高——你在其他地方不容易找到這麼統整而又簡潔的整理說明。

如果讀者想要先概括了解爲什麼目前的國際體系無法解決世界課題，或是想先看看有哪些新的解決之道，不妨直接跳到第三部，然後再回頭讀第十二至十四章。

二十年要解決的二十個全球課題

關於全球公共資源的課題

- 全球暖化
- 生物多樣性與生態系的喪失
- 漁源枯竭
- 森林砍伐
- 水資源匱乏
- 海洋安全與污染

關於全球社會與經濟的課題

- 大舉打擊貧窮
- 維持和平，避免衝突，對抗恐怖主義
- 全民教育
- 全球性的傳染病
- 數位落差
- 天然災害的預防與減輕

關於全球法規控管的課題

- 重新設計稅制
- 生物科技的規則
- 全球金融架構
- 非法毒品
- 貿易、投資、競爭的規則
- 智慧財產權
- 電子商務的規則
- 國際勞工與移民規則

圖11-1 二十個全球課題

12　分享全球公共資源

全球公共資源是指海洋、水、森林等等，我們都需要但可能會因爲某種「難以妥協的邏輯」而濫用殆盡的全球資源。生物學家哈定（Garrett Hardin）在一篇一九六八年發表的文章中，把這種難以妥協的邏輯稱爲「公共資源的悲劇」：他舉中世紀的不列顛農村爲例，村中牧羊人共享的牧地就是一個村子的公共資源。如果一個牧羊人多放牧一頭羊就增加了一個單位的利潤，但這頭多出來的羊會加速消耗公有地的資源。不過因爲過度放牧的成本是由所有牧羊人共同承擔，每一個牧羊人實際分攤的成本仍低於所增加的利潤，所以牧羊人還是會不斷增加羊的數量。

悲劇因此發生：每個牧羊人都爲了一己的利益而不斷增加羊群數量，直到牧地資源消耗殆盡、無法再增加任何羊隻。爲什麼會發生這樣的悲劇？簡單來說，全村的人都沒有發現，每個牧羊人的個別利益與共同利益互相衝突，因此整個村子沒有從共享的角度來管理公共資源。

以下所要說明的六種世界課題，發生的原因也和這個農村的悲劇類似，因爲全世界人民未能體認到：全球的氣候、生物多樣性、森林、漁場、水資源、海洋等等，都必須從公共的，也就是全球化的角度來管理。

課題一：全球暖化

全球暖化（或稱爲氣候變遷）迅速成爲這二十個全球性問題當中最困難、最具威脅性的問題。這個問題非常龐雜，頗受關注；本章會用較長的篇幅來探討這項議題。

全世界的氣候從來沒有穩定過。過去的四十五億年，全球的氣候由於火山爆發、地質板塊運動、太陽輻射的變化等多種因素而不斷變化。然而自最後一次冰河期以來，地球的氣候已經相對穩定多了；過去一萬年裡，各個世紀的全球溫度變化幅度都未超過攝氏一度。但愈來愈多的證據顯示，過去百年來的人類活動對於提高全球溫度有重大影響；過去二十年中的加速惡化更是令人憂心。

爲什麼會這樣？太陽的熱能傳送到地球時，地球上方的大氣層會吸收掉其中一部分，其餘則直達地表；地面和海洋會再吸收一些熱能，有些熱能會反射回去。反射回去的熱能，有些會散逸到太空中，但有些會被大氣層中某些環繞地球的氣體擋下——非常類似「溫室」的效果，稱爲溫室氣體。假如溫室氣體持續增加，就造成全球暖化的現象。

溫室氣體主要有：

・**二氧化碳**：主要是由燃燒石油、瓦斯、碳等石化燃料，以及森林面積縮減而產生。

・**甲烷**：主要來自畜牧業、農業，以及廢棄物掩埋場。

・**氧化亞氮和其他氣體**：包括某些罕見與劇毒氣體，像是工業製造的 SF5 CF3。

從一九八八年起，一千多位頂尖科學家（包括頗受矚目的異議份子）組成了「政府間氣候變遷專家小組」(IPCC, Intergovernmental Panel on Climate Change)。他們在二〇〇一年提出卷帙龐大、包含三大部分的報告，提出了比一九九〇、一九九五年的前兩次報告都更驚人的警訊。

IPCC在二〇〇一年提出的報告對目前現象的結論包括：

・自一八六〇年以來，地球溫度上升了攝氏〇・六度，而且過去二十年是有紀錄以來最熱的時期。

・過去一千年來，以二十世紀的地表升溫幅度最大。

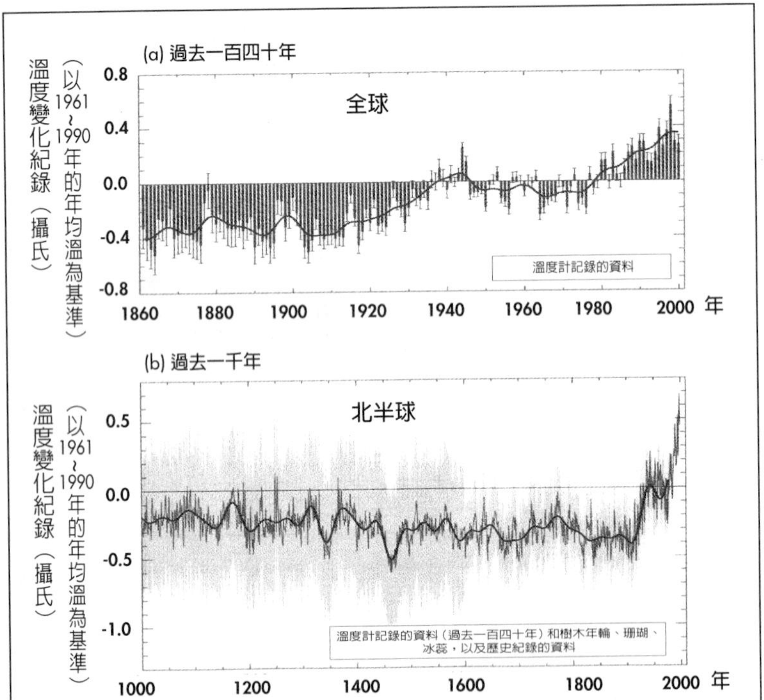

圖12-1 地表溫度變化（© 2001 IPCC，經授權使用）

・降雨模式也明顯發生變化，而且許多地區的降雨量都顯著提高。

・一九〇〇年以來，海平面共上升了十至二十公分；大部分的冰河都在消退，北極的冰塊面積與厚度在夏季時都會縮減。

・鳥類遷徙模式與作物成長季的天數都開始改變。

・人類活動很明顯地提高了溫室氣體的排放量，而且最近五十年的大部分暖化現象都是人類造成的。溫室氣體的排放量非常不平均：美國的人口只占全世界五％，但所排放的二氧化碳量占了全世界的二五％。

ＩＰＣＣ對未來的觀察令人膽戰心驚。ＩＰＣＣ推斷，人類活動會提高全球的二氧化碳量、地表溫度、降雨量和海平面高度：

・所有科學家採用的模型都顯示，若政策未能有效調整，二十一世紀的二氧化碳排放量仍會大幅增加。

・這些模型預測，本世紀地球溫度會提高攝氏一・四至五・八度（相當於華氏二・五至十・八度），增加的幅度遠高於五年前的預測；而地表溫度提高的幅度會高於這個平均值。

・到二一〇〇年之前，全球各地的海平面還會提高，少則如同二十世紀的增加十至二十公分，多則可能高達八十至九十公分，主要是因爲海洋本身溫度提高，而不是冰塊熔化。

・由氣候異常釀成的嚴重天災會增加：熱浪、暴雨、水災、旱災、火災、土壤濕度不足、密集出現的暴風，甚至是和天氣有關的蟲害也會突然爆發。全球暖化於我們還不甚了解的海洋洋流會造成何種影響，著實令人憂慮：與洋流有關的聖嬰現象，導致中美洲的水災和印尼因乾旱而引發森林大火。這些現象很可能會不斷上演。

・作物成長季的天數與鳥類遷徙模式會更劇烈變化；植物、昆蟲、動物會愈來愈往極區遷移，並且往海拔高處移動。

這些變化造成的嚴重效應會持續好幾個世代，而且會有數十億人口直接受到影響。有些社會可能有能力適應，但窮人可能就沒辦法——尤其是生活在開發中國家的人。未來可能出現的效應包括：

・許多水資源匱乏區域的缺水情況會愈來愈嚴重，特別是在亞熱帶地區。

・全世界的農業生產量降低，尤其是熱帶與亞熱帶區域。差堪告慰的是，由於全球溫度略爲提高，反而對中、高緯區的農業產量有所助益，這主要是發生在富裕國家。

·因爲高溫或昆蟲傳播而產生的疾病（如瘧疾），與藉由飲水傳染的疾病（如霍亂），死亡率會提高。

·由於降雨量增加和海平面上升，洪水對數以千萬人的威脅也就大爲增加。世界上有近三分之一的人口居住在離海岸線一百公里之內——像是位於西南太平洋的吐瓦魯（Tuvalu），有一萬人住在環狀珊瑚島上——洪水可能會一夕之間摧毀這些居民的家園，如同孟加拉境內一五％的人口所面對的情況一樣。如果海平面在本世紀繼續往上升高五十公分，九千萬以上人口將流離失所。

·冰河、珊瑚礁、環狀珊瑚島、紅樹林生態系、極區與高山系統遭受無法彌補的破壞，而這些自然環境是數百萬人賴以維生的資源。

看著這一長串可能發生的嚴重後果，很難不感到沮喪。首先，這些正在發生的變化是如此影響重大而且不可逆轉。依IPCC科學家的預測，即使我們能夠在本世紀中使二氧化碳的排放量穩定下來，海平面的高度還是會持續升高。其次，我們馬上想到「**狗紀年**」（參見第六章）的比喻最適合運用在這裡——每損失一年解決問題的時間，可以說就是損失了七年。

不過也有好消息。有許多科技與政策的可能性可以因應全球暖化的挑戰，主要分成三大方向。

首先，一定得使溫室氣體的排放量穩定下來，而這是做得到的事。舉例來說，已知有技術方案可以在本世紀中把二氧化碳排放量限定在四五〇至五五〇 ppm 以下（這大約是前工業時代兩倍的量）。但所有地區——包括從現在開始十至十五年之內，碳排放量會達到富裕國家水準的開發中國家——得全都減少排放量才能達到目標。設定各國家、地區、單位、工廠的排放量上限，是達成目標的一種方式。另一種更具前瞻性的做法是訂出全世界的溫室氣體總濃度目標，再訂出各國的每人排放量標準和各國的最高排放量；初期各國的每人排放量標準可能差距較大，其後應在預先規畫的時程內逐漸趨於相等。

其次，除了限制溫室氣體排放量，全世界必須逐漸轉向不同的**能源模式**（energy profile）。這可以藉由使用更高效率的能源（可大幅減低每單位國民生產毛額的能源使用量），以及全世界的能源系統都「去碳化」來做到。「去碳化」意味著大幅改用水力發電、太陽能、風力渦輪發電，或多用天然氣（天然氣排放的二氧化碳比石油與煤炭都少），以及把二氧化碳儲存在地下的新方式。

有些新科技特別令人期待，薄得像張壁紙的太陽能面板，幾乎可以把各種大型物體都變成發電機，而燃料電池可以當做儲存裝置來彌補太陽能的變動特性。要提升能源效率，還有很大的空間可以發展：在同樣的經濟條件上，有些歐洲國家的每人平均能源消耗量比美國低五〇%至七五%；而許多開發中國家可以具體提升產業的能源效率。還有一些很有意思的做法可以利用二氧化碳：舉例來說，利用薄膜分離程序抽取出氣體流柱裡的二氧化碳，然後注入廢棄的油田，竟然會意外地使石油開採量增加。

要使全世界長期採用新的能源模式，**課稅與租稅獎勵**可說是其中的關鍵力量（參見第十四章）。因此全世界都會逐漸取消對石化燃料的補助——這些有如天文數字的補助金額甚至比富裕國家的農業津貼還高；而且從補助中受惠的幾乎總是有錢人。

第三項因應全球暖化現象的政策是，善用森林、農地以及其他可以「吸收」二氧化碳的生態系統，它們也許在未來半世紀可以吸收達兩千億噸的二氧化碳。

顯然需要多管齊下大幅改變，而且要遠遠超過京都議定書的目標——更何況京都議定書效力薄弱，且未包括美國在內。對此大部分人頗有體認，卻忽略了這項事實：要是及早處理，所付出的金錢是大家比較能承受的。ＩＰＣＣ估計，針對限定二氧化碳的總含量所需要進行的改變措施，大概會使國民生產毛額下降〇．二%至二%；但如果透過多種方式來進行的話，耗費成本可能會減低一半，甚至更多。

這筆有關全球暖化的帳單金額並不算高，也差不多是這二十個全球問題的典型花費。所謂的不算高，一方面是指絕對數值，另一方面也意味著，這些問題如果沒有好好處理，會更花錢。但，全球暖化和第十章提到的京都議定書，讓我們看到了現有的國際組織並不足以解決這些迫切的世界課題。

課題二：生物多樣性與生態系的喪失

沒有人知道現存的生物種類有多少，但估計大約在一千萬至一千五百萬種之間。可以確定的是，物種滅絕的速度一直在加快。由於農業、森林砍伐、因開闢道路而切割林地，以及人口的普遍成長，使大量生物失去棲息地，面臨死亡與滅絕危機。其他對生物生存的威脅還包括全球暖化、污染、狩獵、捕魚、貿易，以及外來物種的引進等。

物種滅絕速度增快的例證俯拾即是：

- 約有六〇%的珊瑚礁生存受到威脅，這件事非同小可，因爲珊瑚礁提供數百萬人的生活所需，是包括四分之一海洋魚類在內的許多生物的棲息地。

・全世界的熱帶雨林面積正日益縮減。
・約有七五%的主要海洋魚類，因為捕撈過度，現在不是所剩無幾就是數量銳減。
・全世界約有五〇%的沿海紅樹林都已消失，這些紅樹林是無數物種賴以維生的哺育場。
・將近五分之一的哺乳類面臨滅絕的威脅。
・約有八分之一的鳥類處於危險邊緣。某些鳥類如企鵝等，受到威脅的數量甚至達到四分之一；而信天翁這類的鳥類面臨威脅的數量更高達三分之二。
・狩獵、棲息地喪失，以及非法的野生動物交易，在短短幾年之內就使面臨威脅的靈長類動物從一百種增加到一百二十種。有些環保人士擔心，未來一、二十年之內，剛果盆地雨林（世界上第二大的熱帶雨林）裡的大型哺乳類動物會完全消失，而非洲的大猩猩也會絕種。

對於目前物種滅絕的速度有諸多爭議；估計值從自然滅絕速度的一百倍到一千倍左右都有，不過大部分人估計是一千倍。有人認為到了下個世紀，半數的哺乳類、鳥類、蝴蝶、植物不是會消失不見就是即將絕跡。有人說得好：「死亡和不再有新生命是兩回事。」

但保存地球上美妙而豐富的生物多樣性有更切身的意義：

・在生物賴以維生的五大生態系中，生物多樣性扮演非常重要的穩定性角色。在農業、沿海、森林、淡水以及草原生態系裡，各種植物在核心中扮演必要角色——從淨化水質到回收碳與氮。

・多樣性會提高生態系的恢復力。物種愈多，能提供的緩衝作用就愈大，可以對抗全球暖化、乾旱等壓力帶來的環境破壞。植物、昆蟲、動物和微生物的基因多樣性會決定農業生態系的長期生產力、受到衝擊後的復原力，以及確保未來有供給足夠食物的能力。然而目前的趨勢卻是以單一栽種來取代多樣性栽培，並且只信任少數種類。一九五九年時，斯里蘭卡還出產兩千種不同的稻米，但到一九八〇年只剩下五種而已。

・生物多樣性也是人類健康的基礎。全世界最暢銷的二十五種藥品——其中有十種是從大自然萃取而得的，效用從降低膽固醇到殺菌，不一而足。

如上所述，生物多樣性和生態系的保護遂成爲未來數十年的世界課題之一。至於解決方案由於太過複雜，在此無法詳述，但必須有一個包括了以下要素的全球性架構：保護區、積極管理的保留區、貿易禁令、整合的生態系管理機制、永續生存的保證、種子銀行、衛星監控等等。並不是說過去都沒有做這些事，但重要的是要全世界夠多的人共同努力，並且大幅投注資源到保育活動上，不能像現在這樣只用有限資源在做事。由於全球有二十五個、一共涵蓋地表一‧四％面積的「重點區域」，共同包含了四五％的植物種類與三五％的陸棲脊椎動物，所以以上的保育措施比較容易施行，也比較負擔得起。然而，儘管有一連串的保育協議與條約，但物種滅絕的情形持續發生——這種情況也出現在另外兩個有關的問題上：漁源枯竭與林地砍伐。

課題三：漁源枯竭

地球上五分之一的人口以魚類作爲主要的蛋白質來源。九〇年代晚期的全球總漁獲量，據估計每年約有一億二千五百萬噸，總值約七百至八百億美元。隨著人口成長與生活水準提升，需求也大爲提高。捕魚是一種重要的謀生之道，也是許多社會、國家與地區的食物保證。國際魚類與魚類製品的交易，每年約有五百億美金的市場。

但是現在有一個大問題：漁船過度捕撈（捕撈的數量比維持魚類永續生存的水準高

出一倍），威脅到許多漁場與魚種的生存。管理不當也造成了問題（造成了浪費掉四分之一的捕獲量等結果）。在一些漁場中，非法捕撈更高達總漁獲量的三〇%。而政府甚至幫了倒忙：漁業補助金每年逼近一百五十億美金。

結果是使五〇%的海洋魚類資源已開發殆盡、有二〇%過度開發，其餘則多以無法永續生存或自我毀滅的方式在持續開發。主要的海洋漁獲如鱈魚與鮪魚，有四分之三是在逼近其生物極限的情況下捕獲的。定位魚群的新式魚網與技術使得情況更糟。有些科學家甚至認爲，儘管統計數字顯示全球的總漁獲量已趨於穩定或持續成長，但事實上可能已經持續衰減十年了——一部分是因爲中國嚴重浮報漁獲統計數字。

這些問題促使養殖漁業興起，並且在九〇年代快速成長；目前養殖漁業的產量約四千萬噸，占全球漁獲量的三分之一。但是養殖漁業也有化學汚染與生態風險問題，因爲養殖魚類會脫逃到外面的野生環境。再加上從加拿大到中國等許多國家各自發展基因改造工程，使這些問題愈益嚴重。另一項值得憂慮的現象，是以海洋漁獲來餵養養殖魚類的這種錯誤做法。

漁源枯竭對各國政府都是棘手的問題。想解決它，需要大幅減少捕魚船隊的數目、嚴厲管制非法捕撈與捕撈方式，並且嚴格執行特定時間區間的漁獲量限制等等容易惹人民厭惡的政策。即使如歐盟對於這個問題算是有共識了，至今也無法控制北海的漁資源存量。如果全世界不能一起堅定採取行動，漁源枯竭的問題將無從解決。

有一些激進、甚至讓人驚訝的另類想法，可以促進全球的行動。科學家注意到，如果某些地區在好幾年裡完全禁止捕魚的話，其後的總捕獲量將可提高，而且魚類可以永續生存。如果有一百個區域都執行這種禁令，幾年之後可以提高九〇%的魚類數量，魚的大小會增大三〇%、種類則增加二〇%。更棒的是，這些好處會擴及鄰近沒有捕魚禁令的區域。加勒比海島國聖路西亞（St. Lucia）在一九九五年指定全國三分之一的漁場爲非捕撈區，三年之內，鄰近區域裡高商業價值的魚類捕獲量就增加一倍。由此就產生了建立漁業園區全球網這樣的想法：指定幾個漁場爲禁捕區，輪流禁捕，並持續調遣作業船隊。這項措施執行後，要是有任何船隻進入禁捕區，衛星追蹤馬上能處理。

其他如紐西蘭、冰島、美國部分地區採用的新作業方式，也可以推廣到全世界。這些國家與地區讓漁民有一定額度的捕魚權利（在使魚類得以永續生存的標準下），並准許漁民自由交易捕撈額度，結果使漁資源存量逐漸恢復水準。

就像其他迫切的全球問題一樣，要解決漁源枯竭這個問題得花不少成本，但是以全球的規模來說其實還算小意思。我們眞正缺乏的並不是財力，而是欠缺解決全球問題的新作法。稍後會對此再做深入討論。

課題四：森林砍伐

另一個同樣也陷入危機的全球公共資源問題，是全世界森林覆蓋面積的縮減，以及沙漠和大草原的擴張。

很多人不明白森林的重要性。森林除了有林地和零星的樹木之外，還提供人們遮蔽、食物、燃料、藥物、建材和紙漿。森林可以減緩土壤的侵蝕作用、過濾污染物質，因而有助於維持淡水的水質。森林還可以調節水流的時機與速率。約有三分之二的陸棲物種生長在森林地帶，因此森林對於生物多樣性的保存也有很大的影響力。森林成長時會吸收掉碳，所以也在對抗全球暖化方面扮演重要角色。

全球各地的森林目前情況如何？目前全世界大約還保存有三千萬至三千五百萬平方公里的森林，相當於四分之一的陸地總面積。雖然沒有人知道確切的數字，但是現在的林地比農業時代之前大概少了二〇%至二五%。過去數十年來，工業國家的森林面積略有增加，但其中的樹木樹齡愈來愈輕、體積愈來愈小，而種類也愈來愈少。

但真正嚴重的森林問題發生在開發中國家，主要有以下三種現象：

・開發中國家的森林面積每年縮減十三萬平方公里以上（接近一%）。六〇年代以來，熱帶與亞熱帶地區的森林大約已縮減了二〇%。舉例來說，過去十年裡，印尼每年砍伐的森林面積就有一萬七千至兩萬平方公里，使該國的森林面積比一九八五年少了五〇%以上；依此速度計算，婆羅洲的卡里曼丹（Kalimantan）的森林在九年內就會全部消失；而蘇門答臘的低地森林在四年內也會消失殆盡。造成全世界森林過度砍伐的主要理由包括：人口成長的壓力導致自給農業的範圍擴大、柴薪採集超過負荷、拉丁美洲大規模的養牛牧場、政府的開墾方案，以及非法砍伐。印尼有七〇%伐木業的產量是來自非法砍伐。

・森林因道路開發、農業與伐木業的發展，而變得支離破碎，這也造成極大的負面影響：自然棲息地減少、生物遷徙路線遭受阻礙，使不受歡迎的外來物種正好有機可乘。道路使狩獵者、伐木者和其他干擾都進入當地的生態系。而面積縮小後的森林無法再支撐生態系頂端的肉食動物，造成遞延效應（cascade effects），使肉食動物以下的生物更難以存活，因而降低了生物多樣性。

・天然形成的森林火災本可以是有益的現象，但巴西的森林火災次數在一九九六至一九九七兩年間就增加了五〇%，而在一九九七至九八年之間又再增加八〇%。幾年前的東南亞森林大火造成兩千萬人罹患呼吸道疾病，還造成數十億美金的損失；光是在一九九七年，印尼就失去了四萬六千平方公里的森林。聖嬰現象也是引發森林大火的部分原因。

以上種種因素使熱帶與亞熱帶雨林的保育成爲重要的世界課題。這個問題有以下幾個面向：

・自一九六〇年以來，木材的產量增加了五〇％。由於人造林就占了木材總產量的二〇％，所以數量短缺本身不是問題。眞正令人憂慮的是，到處開闢人工林場並沒有減低天然森林的壓力。許多開發中國家仍持續以超過自然育成的速度來砍伐樹木。最常見的現象是，一旦森林砍光之後，原本的林地變更爲其他用途，因而落入一種自我增強循環。大集團的非法砍伐和農民的山田燒墾都是主要的問題所在。

・全世界使用的生質能源（biomass energy）中，木材和木炭就占了一半；有二十億的開發中國家人口必須仰賴這種能源形式；而全世界的能源消費總量中，木材和木炭就占了三〇％。某些地區早就有木材供應不足的現象，特別是靠近都市中心的地方。幾乎所有開發中國家的人口都持續成長，因此柴薪的需求，很快就超過了供應量的五〇％左右。

・森林面積的縮減，阻礙了森林保持水源、過濾水質以及調節水流的功能。森林在分水嶺地區相當重要，但將近三成左右的分水嶺地區的原有森林面積都縮減了四分之三。森林在降雨與融雪時能調節排水，一旦森林面積縮減，土石流與順流而下的洪水就會更常發生——喜馬拉雅山森林面積的縮減，就使位處它山脈下的孟加拉人民生活更加困苦。森林在乾旱時能釋放出水，所以森林面積縮減也會使乾旱更爲嚴重。

・森林資源必須善加保育，因爲生物多樣性會隨著森林的消失而遭到破壞。另一方面，森林已成爲新商品與服務如製藥與工業原料的主要資源，以及可增加稅收的觀光業與休閒服務業。但已有將近十%的樹種面臨絕種的威脅，而許多地方的外來樹種入侵也已造成問題。

・森林是陸地上最能儲存碳的陸生生態系：可能有四成左右的碳是靠森林來儲存的。砍伐熱帶森林並燃燒樹木的殘骸都會釋放出大量的碳，使碳重新返回大氣之中形成二氧化碳。除了大規模的森林砍伐之外，即使是因應農事的小規模砍伐，也會嚴重降低森林儲存碳的功能。恢復森林的面積或改變管理森林的方式，可以使森林再次發揮儲存碳的功能，這也是解決全球暖化問題的一種方式。

過去相當成功的造林經驗，顯示早就有許多解決方案：這些新造林只不過占了森林面積的三%，就能提供全世界二〇%的木材產量。也還有很多種森林管理的方式可以維護森林，這些辦法在各地村民的高度參與下已行之多年。在印度阿美答巴（Ahmedabad），甚至連城鎮居民也共襄盛舉。我們也要發展出一套有效的全球性認證機制，以確保森林能夠永續生存，並對抗非法盜伐。

課題五：水資源不足

全世界有許多地方日益乾旱，這不只是因爲氣候變遷使然，也是因爲灌溉與工業的需求而造成。非洲的查德湖（Lake Chad）的面積縮減到只剩一九六〇年時的二十分之一。而鹹海差不多就要完全消失了。科羅拉多河在旱季時沒辦法再流到海洋。美索不達米亞沼澤地也縮減到只剩十%。到二〇二〇年時，全世界就會有二、三十億的人口面臨乾淨水資源嚴重不足的問題；換句話說，每三個人就有一個人身受其苦；而目前面臨這種問題的人口占了全世界的十分之一。現在有二十個左右的國家水資源不足，到二〇二〇年時，面臨水資源不足問題的國家就會增加到四十個以上。亞洲、撒哈拉以南的非洲、甚至地中海地區，都將會是水資源缺乏最嚴重的區域。整體來說，平均十五%至二〇%的開發中國家都有缺水的問題；有些地方早已十分吃緊，而中東等地的情況更是嚴重。

缺水的主因是需求增加以及污染問題，而全球暖化會使缺水問題更爲嚴重：

・全世界七成的用水需求是用在農業灌溉方面，而且日後還需要更多的灌溉用水，因爲到二〇二〇年時，食物供應量還需要再提高四成左右——而爲了栽種出一個人所需的食物，必須用掉此人飲水量一千倍的水。但是有一半以上的灌溉用水並沒有眞正用在農作物上，卻經由管線的裂縫或消耗性的作業方式而浪費掉。過度的取水灌溉也會危害湖泊、河川、沼澤——但是有許許多多的貧窮人口賴以維生的食物、魚群、木材都來自這些受到破壞的生態系。在俄羅斯與中亞地區，許多重要的內海、湖泊和河川，主要就是因爲過度灌溉而幾乎快消失無蹤。

・污染是另一個愈來愈値得憂慮的問題：全世界約有九七%的淡水存量藏在地下含水層，這些地下水平均已儲存一千四百年，而河川水則存在一千六百年左右。這些地下水有的被嚴重過度使用（如中國、印度、美國西部以及其他許多地方），就是有的遭到硝酸鹽、殺蟲劑和其他人造產品的嚴重污染；這些損害是無法彌補的。在法國西北部某些地區，硝酸鹽差不多毀了整個地下含水層。我們可能還不知道這個問題有多嚴重，因爲污染的結果可能要經過很長時間才會顯現；例如十九世紀麻塞諸塞州紡織廠造成的污染，近幾年才剛浮現在美國紐約州長島市的自流井中。

水資源不足因此會成爲全世界的重大問題，氣候變遷則使問題更形惡化。因爲氣候變遷是世界性的現象，所以更需要從全球的觀點來看待水資源不足的問題。爲了控制水資源也經常造成國際性衝突。如果兩國長期對立，而其中一國控制了敵國重要的河川水流，情況就會特別嚴重。過去二十年來，由多國共享的河川盆地，從兩百一十個增加到兩百六十個。貧窮與健康問題則緊跟在缺水問題之後——它們本身就是極大的世界性挑戰。

我們再次看到，要解決水資源問題就像其他問題一樣，眞正缺乏的不是技術或者政策，而是全世界共同參與的果決行動：

・許多技術——像是點滴灌溉法、精準的灑水器、低成本而高效率的灌溉系統、各種抗旱法和新的稻米灌溉系統等等——都能產生顯著的成效，也應該儘快讓全世界分享。海水淡化技術也應該儘快推廣到全世界;，這項技術目前還很昂貴，但更有效率的薄膜法與製程讓海水淡化的技術大幅進展。

・另一項改善水資源管理的關鍵，在於定出更能反映供水與配送水源的成本。世界資源研究所（World Resources Institute）、世界自然保育聯盟（IUCN, World Conservation Union）等機構都認爲,造成缺水問題與淡水生態系破壞的主因在於全世界的水價都太低廉。合理的水價不妨像厄瓜多一樣，包括把爲了保護水源地的雲霧林的成本計算進去。有些人認爲，這種合理的定價在很多事例上有助於分配用水權，並且使用水權可以購買與交易。

・更好的水資源管理還包括以新進科技來幫助許多國家與地區：現代化的灌溉系統、系統化地管理水域、流域內的運輸系統，以及在區域內自發性地管理共享水源——環繞尼羅河盆地的十個國家總共兩億五千萬人口，到二〇二〇年時更會超過四億，更應該及早採取適當的行動。

・用水安全與衛生系統的問題同樣也要非常留意：目前大概有十億人無法享用安全的用水，約有二十億人沒有衛生設備可以使用。這兩種情況都會直接導致貧窮與疾病的後果。

・總的來說，由於政府的預算吃緊，而民間提供的資金也很有限——因此開發中國家需要大量援助，才能使水資源基礎建設與管理經費，從目前每年七百五十億美金的水準再提高一倍以上。

全世界水資源不足的問題可能還要再過十年，才會變成特別嚴重的世界議題。到目前爲止，雖然已經有一些還算有效的國際性力量試圖解決這個問題，但這些力量主要都著眼在喚醒世人注意而未構成具體行動。現在需要的不是喊口號而已，我們迫切需要強而有力的全球行動；一方面要確認全世界能夠更果決地面對技術與政策的難題，一方面要協助在地的力量，化解當地的反對聲浪，以便確實發動改革，改變那些最需要調整的部分（如合理的水價策略與用水權分配）。

課題六：海洋安全與污染

海洋覆蓋了地表七成的面積，對於地球上的生命來說是不可或缺的。然而海洋面臨愈來愈大的壓力，而且那兩股巨大的力量——人口爆炸與新世界經濟——甚至會在數十年之內就把海洋逼到極限。

值得世人憂心的，除了全球暖化會提高海平面，並且影響主要的洋流之外，還有以下幾件事：

- 嚴重的油料外洩與其他意外事件：儘管各國十分重視管控船隻結構與操作，還是不斷有意外事件發生。一九八九年，超級油輪艾克森瓦迪茲號（Exxon Valdez）在阿拉斯加的威廉王子海峽（Prince William Sound）發生意外；此後，全世界又發生過三十起這種等級的意外事件。

・儘管有許多國際性的規約限制船隻在海洋上的廢棄物排放量，但所有船隻排放的油料與其他廢棄物還是持續增加。欣欣向榮的海洋觀光業，漸漸成爲主要的環境殺手。經常遊走各國海域的遊輪因爲缺乏有效的監控，成爲了八成海洋廢棄物的罪魁禍首。廢棄物內容包羅萬象；從人類排泄物和塑膠用品，到油料與化學釋放物質都有。

・陸上的農業、工業以及城鎮居民製造的廢棄物與污染，威脅到許多海洋。其中一個例子是波羅的海；那裡的生態系本來就特別脆弱，現在那邊的海底與沿岸差不多已經沒有生物存活，這是因爲受到像是戴奧辛等人造化學有害物質的嚴重污染。

・危險的廢棄物——如有毒的灰燼、危險的工業污水、受污染的醫療或軍用設備、老舊電池、使用過的核反應燃料等——以船隻運送的數量愈來愈多，而且大部分都是海運；其中很多都是非法的，也很容易發生意外。

・許多地方的漁獵活動，無論合法或非法都會破壞海洋生態系的健全。其中以會破壞海床的大型拖網漁船爲害最嚴重。

你可能會以爲，海洋的安全與污染問題是全球議題中比較容易處理的。也許，海洋課題的子題並不難發現，而且應該也不難解決：舉例來說，地中海禁捕區的實驗，出乎意料在短時間內就讓看似陷入絕境的海域重新恢復活力，鯨魚和海豚的數量激增。而且現有四十項左右的條約與協定是針對海洋問題而制定。但不管怎麼說，海洋的健康仍然令人憂心；全世界對此還沒有一致的解決辦法；我們還是缺少某些規範（關於有害廢棄物就還沒有一套清楚定義的標準），而且常常可以看到完全違反既有規範的情況，而執行系統也過於薄弱——一如其他世界議題的處理情形。

13 散播人道關懷

接下來的六個問題，和第十二章討論的全球公共資源問題全然不同。以下這些問題涉及社會與經濟層面，問題非常迫切而且影響範圍廣大，非得全世界共同承諾、團結合作不能解決，因此我們要有責任分擔與全球團結合作的概念。

課題七：打擊貧窮

如何降低世界各地的貧困狀態，可以說是未來二十年全世界最大的挑戰。為什麼這麼說？第一個原因是道德的理由：為了達到正義與均勢，所以必須這麼做。世界上不到兩成的人口消耗掉八成五的商品與服務，這種情況實在說不過去；而且在本世紀前二十五年，人口會從六十億增長到八十億，消耗掉主要資源的人口比例，還會變得更低。如同經濟學家沃夫（Martin Wolf）在《金融時報》（*Financial Times*）中清楚指出的：「想像一輛加長型豪華轎車駛過都市貧民區的情景。車裡是後工業世界，包括西歐、北美、澳洲、日本、以及逐漸興起的環太平洋地區。車外則是剩下的其他地區。」尤有甚者，豪華轎車裡嬌生慣養的全球菁英，在一九五〇年代還占有全球人口三〇%的比例，但不用到二〇二〇年，就會只剩下一五%而已。

除此之外，把貧窮問題視爲全世界最重大的挑戰還有另一個理由：因爲貧窮問題和世界議題清單上許多問題相連結；要是我們沒有辦法實際降低貧困的狀態，其他問題就更難以解決了。貧窮困苦是滋生疾病、環境惡化、國內衝突、恐怖主義的溫床。相反地，如果貧窮的問題在未來二十年內大幅減緩，也會帶來許多好處，像是本章要討論的六個問題，都會比較容易解決。所以說，貧窮問題是一個「基本」的問題。

目前的貧窮問題情況到底如何？有些好消息可以報告：絕對貧窮，也就是生活費用每日不到一元美金的人口比例已經降低；從一九九〇年世界人口的二九%，到一九九九年已經降到二三%。當然也由於世界人口在過去十年中增加了十億，所以受影響的實際人口數就比較不那麼驚人了：從一九九〇年以來，有一億人脫離每日生活費不到美金一元的生活環境。極度貧窮人口的總數，也明顯地降低了。其中主要是因爲中國在九〇年代的經濟成長率達到七%至八%，使得全中國的絕對貧窮人口總數，從三億六千萬降低到兩億左右。即便是一些非洲國家，也有很高的經濟成長率，並且實際改善了貧窮問題；

包括維德角（Cape Verde）、莫三比克、烏干達、波札那。

顯然，貧窮問題是可以減緩的，而且很快就能達成。幾個世紀以來，許多國家首度能夠在一個世代之內提高生活水準兩、三倍，像是許多亞洲、拉丁美洲、甚至非洲國家就辦到了。其中最厲害的是韓國，才比一個世代再久一點，平均每人國內生產毛額就從美金三百元提高到八千五百元。另外像是波札那、智利、泰國這些不同背景的國家，平均每人國內生產毛額也在十年內增加一倍。大體說來，所有開發中國家的平均餘命❶（life expectancy），從四十五歲提高到六十五歲，識字率也從五五%提高到七五%，這都是從七〇年代早期開始發生的。大部分開發中國家的平均成長速度，比十九世紀中葉的富裕國家還高出二至三倍。

不過也有些壞消息。世界上仍然有十二億人口生活在每日生活費用不到一元美金的

---

❶編按：平均餘命是餘命的平均值，又稱為生命期望值。通常指零歲人口的平均生存年數。這是經常用來評價一個國家生存品質與健康水準的重要參考指標之一。

悲慘貧困環境，其中六五％在亞洲，二五％在非洲，而且這些人口之中的大部分，每日的生活費還不到六毛美金。全世界有將近三十億人口——也就是總人口數的一半——每日的生活費不到兩元美金。受到最嚴重影響的，都是兒童、婦女和老人。有八億以上的人飢餓而且營養不良。全球的貧窮問題極度嚴重，而且十分普遍。

現在一般人比較清楚了解到，貧窮不只是缺乏收入而已，貧窮還包括以下情況：孤立無援、沒有權力、沒有安全感、得不到幫助、無法掌握自己的未來。貧窮意味著每天都得花好幾小時去找水、找燃料、忍受室內污染的折磨、面對家庭暴力，連警方和政府官員都會惡言相向、不給好臉色，還會感受到不斷暴露在種種災難性的危機下，例如只要有一位家庭成員生病，就可能引發一場大災難。

未來的貧窮問題又會是什麼樣的光景？國際間共同的目標，是要在二〇一五年之前使貧窮人口的數目減半。若考慮以下五項複雜的因素，就可以明白這是一項非常困難的使命：

・到二〇二〇至二五年，全世界的人口會從六十億增加到八十億，這些新增的人口，有九五％都在開發中國家。因此依照目前的趨勢，人口數目增長，窮人的數目也會跟著增長。

・由於開發中國家人口的成長，以及年輕化的特質，因此每年的平均經濟成長率差不多要到達五％至六％，才能有效看出減緩貧窮問題的成果。這個數字比起一九九〇年代開發中國家平均的三・五％還要高出許多。但很多人對這個事實還不甚明白。

・各個國家的差距愈見懸殊——這現象在八〇年代的拉丁美洲就已經看出來了，但現在情況更加普遍，也讓減緩貧窮的工作變得更複雜。我們需要的，不只是大幅經濟成長，更需要的是正確的經濟成長。正確的經濟成長同時也能減緩不平等現象，並且讓窮人能運用他們的主要資產，也就是勞動力。

・其他許多有待解決的全球問題也會對貧窮問題造成更嚴重的影響，這些問題包括先前討論過的環境問題等等，要是這些問題沒有解決，會使貧窮人口的受害最深。

・即便是在最樂觀的情況下，非洲仍是最大的問題所在。其中一個原因是，非洲許多國家的社會、經濟環境長年以來都非常艱困，而且他們出口商品的價格又節節降低。此外，非洲有五分之一的人口承受著愛滋病、瘧疾、種族衝突與內戰的折磨，而且普遍見到差勁的政府和腐敗的菁英。

展望未來，人類面臨非常嚴峻的挑戰，必須要大舉向貧窮宣戰，尤其是在非洲。但是從九〇年代初期以來，富裕國家卻刪減了將近三成的官方援助。富裕國家對五十個左右的低度開發國家（大部分位於非洲）的政府援助經費，從一九九〇年的一七〇億美元刪減到目前的一二〇億美元；而這些需要援助的貧窮人口占了全世界總人口的一成，他們象徵最棘手的貧窮問題。一九七〇年時，富裕國家保證說要提供相當於〇．七％的國內生產毛額來援助窮國，結果它們實際拿出來的經費最多的是一九九〇年時，只占捐款國國內生產毛額的〇．三五％；到二〇〇〇年則降到平均〇．二二％，而美國更只有〇．一％。

這其中有各式各樣的理由：柏林圍牆倒塌後，這些國家顯得志得意滿，並且懷疑援助的效果，還有許多民衆，像是美國的許多百姓，竟然頑固地認爲他們提供的援助比實質付出的經費還多出好幾倍。

但還是有許多零星的工作已開始具體推動，讓援助更能發揮功效。過去三十年的援助紀錄裡，部分是成功的，但也有部分是很讓人失望的：

・官方的援助已轉變成新的模式；已有十幾個國家嘗試這種新模式，獲得的結果都不錯。包括國際貨幣基金組織、世界銀行和聯合國旗下的多個機構，都採用了這種與過去截然不同的新模式。在這種新模式下，接受援助的國家有權制定本國的開發與減緩貧窮的策略。這些政府在制定政策時，會諮詢公民社會、商界和各外國機構。政府讓這些政策公開而透明，分門別類都有績效指標來衡量，而且政策施行的時間更跨越選舉的週期。他們勸誘外國機構、非政府組織和其他機構，共同參與並分工合作。在這些配合下，援助金不再只挹注於單一的個別計劃，而是更有彈性，成爲國家預算或部門預算（如教育預算）。新模式所考慮的貧窮問題，不只侷限在收入方面，而是更廣義的貧窮問題，並且非常關注如何培育窮人的能力。

・有些新而有力的構想，可以改善援助經費的分配問題。初步但別出心裁的研究顯示，在一開始就有完善政策配合的國家，援助會帶來比較正面的效果，但如果沒有這些配合政策的國家，援助不但沒有正面效果，甚至還會帶來負面效果。這個研究指出，在政策完善的環境中把援助都用在窮人身上，和不加區別隨便亂灑錢的情況比起來，前者可以使每年脫離貧窮的人口多出三倍。當然，這對於援助機構來說，是一道難解的兩難問題：在那些管理不善的國家裡的赤貧人口該怎麼辦？但是我們確實可以看到，貧窮問題是可以減緩的，是可以採取行動的。

・調和各項援助經費可以帶來更高的援助效果;如果能把籌措與取得援助的成本降低,至少可以節省受援助國兩成的捐款或借款。要是沒有事先協調的話,非洲國家平均要處理六百個計畫案,每年處理一千次的官方訪問行程,每一季得寫出兩千四百份報告給提供贊助的機構或者非政府組織。現在各國(雙邊國家)和多國的援助機構,已嚴正指出這個問題,同時指出爲了爭取各贊助國的支援而養成的花大錢惡習。

・爲了幫助這些受援國提升本身實力,各項援助計畫有四個愈來愈受關注的關鍵目標:良好的治理、經商環境、教育,以及連結性。這四個領域的影響力都很大,這四個領域能先獲得成功,其他許多事項才能跟著進展,否則很多事都會失敗。完善的治理與根除腐敗是其他許多事情的先決條件;而要做到這點,得先要有令人滿意的文官體系、正直不阿的司法人員、法治環境、獨立的監察機構、國會的監督,甚至還要有善於調查眞相的新聞記者。許多開發中國家要大幅減緩貧窮問題,得要有五到六%的經濟成長率,要做到這點,更不能沒有良好的經商環境;這意味著要施行五十幾項措施,包括去除關稅而建立完善的金融環境,到小額融資等等事項(後文會繼續討論教育與連結性的問題)。

這些援助與減緩貧窮的做法代表了一場寧靜革命。未來數十年，這些改變會讓援助的成效加大兩、三倍。但是這場寧靜革命進行還不到一半；非常需要全世界一起努力，推動更多更多的雙邊、多邊、非政府組織贊助者，眞正一起用這些新的做法來幫助開發中國家。當然，這些開發中國家也得自己坐在駕駛座上，並且負起責任。最好的顧客就是窮人本身：這些計畫影響到的是窮人，當窮人也能親自參與這些計畫，這些計畫的成效才能夠一飛衝天。如果有人提醒印度村民要注意村裡用在教育或衛生設施的總金額，並且要求村民監控這些經費，那麼這些經費用在預期目標上的眞正效果就會顯著提高。

不過，這場寧靜的「品質」革命所追求的成效只是全球貧窮問題的一部分。還有另外一件關於「量」的事，要是做不到就無法大舉解決貧窮問題——要想辦法讓富裕國家拿出更多的資源援助開發中國家。目前富裕國家的官方援助已縮減到一年五五〇億美元，但即使是在一個援助成效很高的環境裡，也還需要更多更多的經費才能做事。如果富裕國家能夠遵守承諾，捐出其國內生產毛額的〇．七％，每年就能夠多出一千億美元的援助經費。有些比較慷慨的歐洲國家就達成了這項目標，援助金額甚至超過這個比例。不過這些國家並不多（或許可以暱稱爲G 0.7），包括荷蘭、瑞典、丹麥、挪威、盧森堡。此外，如果富裕國家能夠更開放市場給貧窮國家的出口貨物，並且減低對本國農業的高額補助，其效果至少相當於每年再多拿出五百億到一千億美元來援助開發中國家。

即使富裕國家在官方援助與貿易上的協助只做一半，每年也還可以積累七百五十億至一千億美元左右的經費，來援助開發中國家。這筆金額讓全世界能夠一步一步認眞減緩貧窮問題。

請比較前文與後文所說的數字來做全盤觀察：

・將最窮困而且負債最多的國家總共三百億美元的負債一筆勾消——這是一九九八年由七大工業國所提出的做法，而且熱烈討論到幾乎排擠掉其他所有事項的程度。

・從一九八七年到現在，全世界由國防儲蓄帶來的和平紅利（peace dividend），一年就高達四千億美元，但其中七成都被富裕國家花掉了。

・富裕國家一年補貼本國農業三千六百億美金。

採用大規模而決定性的方式對抗貧窮，事實上是全世界共同的使命：這項課題需要開發中和已開發國家一起合作。要解決這個問題，不只嚴格考驗著我們散播人道關懷的能力，更考驗著我們有多認眞要徹底解決全世界共同的問題。貧窮是最首要的問題，因爲這是其他許多問題背後的問題。只要這個問題解決不了，其他所有事情也無法成功。

課題八：維持和平，避免衝突，對抗恐怖主義

國際戰爭幾乎已全面讓位給內戰與武裝衝突。一九九九至二〇〇〇年之間，這一類的戰事有五十起以上，並奪走七百萬條以上的生命。其中有九成以上是發生在一九四五年之後的開發中國家裡。這些衝突逐漸演變成把鄰近國家也捲入戰端：像是剛果共和國的內戰就演變成區域戰爭，一共有七個國家涉入；而獅子山、利比亞、幾內亞比索的國內衝突，也都互相糾結在一起。

這些戰事的代價相當驚人。二次大戰以來死傷最嚴重的剛果區域戰爭，據估計有超過兩百萬人喪生。非洲的戰役有多達五分之一的人民都受到波及。有些地方，不滿兩歲的兒童死亡率高達七〇％。多年來的發展成果付諸流水，而四處移防的軍隊也到處散播愛滋病。但不是只有非洲如此：亞洲地區的衝突幾乎也一樣多；還有許多其他地區也是這樣，包括前南斯拉夫地區。

長期以來，恐怖主義就是內戰衝突的一環，而從一九七〇年代開始，因爲愈來愈多人仿效恐怖主義的手法而傳佈得更廣；甚至不是發生內戰的地方，也看得到恐怖主義的陰影。各國都加快反恐怖主義的脚步，淸除這些恐怖組織，像是德國的巴德曼豪夫

(Baader-Meinhoff) 組織、義大利的紅色軍團 (Red Brigades)、法國的直接行動組織 (Action Directe)。而巴斯克 (Basque) 分離份子的ETA運動與愛爾蘭共和軍，也採取類似的恐怖主義手法。

不過最近十幾年來，恐怖主義已走向全球化，運用兩種手法大舉迴避國內的控制：首先，就像蓋達這種恐怖組織，創造出的正是扁平而網絡化的先進世界性組織，使得較為傳統而階級化的國內反恐組織瞠乎其後。其次，恐怖組織會往一些法治不彰的國家尋求庇護，像是阿富汗、索馬利亞，以及其他法外之地。

全球性的恐怖主義有多大的能耐與破壞力，只要看看發生於二〇〇一年的九一一事件就很清楚了。來自八十多個國家的幾千名民衆死於紐約、華盛頓、賓州，改變了幾十年來世人所認識的「世界」之樣貌以及它未來的樣貌。除了美國人的生命與財產損失之外，其後全世界的經濟成長、商品價格、觀光收入、金融活動，也都因而降低，導致開發中國家的一千萬人口生活水準跌到赤貧線以下(半數都在非洲)；同時因爲無力對抗營養不良與各種疾病，也造成超過兩萬至四萬名五歲以下的兒童死亡。情勢很明顯，全球性的恐怖主義和國內戰爭、武裝衝突一樣，都在破壞和平並造成動亂的黑名單之列，需要全世界共同行動，才得以解決。

目前已有三種因應方式，用來對付各種動亂：

・二〇〇〇年聯合國的**維和行動**，有大約四萬名士兵、觀察員、警察加入，人數是一九九九年的兩倍。這些人員來自九十個國家，各種民族的人都有；但只有十%是來自五個聯合國安理會常任理事國：美國、英國、法國、中國和俄羅斯。

・**干涉戰爭**，譬如那場狼狽不堪而且所費不貲，雖然最後還是成功的科索沃干涉戰爭，以及在東帝汶的迅速行動，和獅子山不太成功的干涉戰爭。

・全世界開始共同**對抗全球性的恐怖主義**，包括十多項聯合國的公約（到二〇〇一年九月，簽署這些公約的國家很有限），以及一些新的措施。

我們又再一次碰上一個沒有完全解決的全球性問題，以下從三個角度來說明。首先，維和與干涉的機制相當脆弱，而且需要全球性思維來多方改進。

・**財源**：還沒償還的維和費用，在二〇〇一年中期時大約是二十億美金，這筆費用讓聯合國處於破產邊緣。二〇〇〇年年底時，聯合國的經費只能支付三個月的維和工作。除了經費之外，聯合國還非常缺乏工作人員、裝備和蒐集資訊的能力。

・**更迅速的反應**：如果維和工作可以及早進行，常常比較容易控制住衝突的局面。聯合國若要強化準備系統，便需要一批隨時可以徵召的軍官、警察、司法專家，甚至是人權專家。此外還有人建議，從各國徵召幾支小型而老練的軍官部隊常駐於聯合國總部，只要安理會下達了指令，可以隨時採取行動。另外，也有許多聯合國以外的組織，像是北大西洋公約組織，在維和工作上的角色也愈來愈吃重。這些組織也都可以隨時採取行動，因此聯合國和這些組織間的聯繫，也需要納入考慮。

・**科技**：在美國，提倡重新思考軍事結構的人，希望未來的軍隊是更小型、更富機動性的作戰單位，在較扁平的指揮結構下，更能夠針對重要維生系統發動戰略性攻擊。這種做法與全球性的維和工作特別有關係，因爲這做法可以強化干涉行動的效能，也能夠解決干涉國的兩難：因爲一方面他們與之交手的敵軍能力愈來愈強，但另一方面，他們又希望能夠儘量避免傷亡並且節省開支。

・**原則**：與維和工作不同的是，干涉戰爭並沒有一套可以廣爲接受、簡明而直接的規則。如果干涉戰爭要成爲未來的全球議程，就必須儘早建立一套規則，否則就會產生混亂的局面。

其次，最好的辦法是從一開始就避免衝突發生，不過全世界都做得不太好，因此**避免衝突**也是另一項重要課題，需要全球性的思維與行動。世界銀行一份針對八十起國內衝突的分析顯示，如果叛亂組織在財力上以可維持，就容易發生內戰衝突。的確有眞正基於人民不滿而發的解放運動，但大多數的情況是，這些組織利用人民的不滿，以此掩飾他們占據某些珍貴資源的企圖——內戰衝突往往與**貪婪**密切相關，而不是不滿。事實上，根據研究顯示，國內衝突非常可能發生在以下情形的國家：

- 收入非常低、教育水準也非常低的國家——貧窮又再次和所有事情相連接。
- 出口的資源很容易被掠奪、並且容易折現（像是石油、鑽石、毒品）的國家。
- 由一個強勢的民族統治弱勢民族的國家（假如少數民族的數目較多時，危險會減低）。
- 有大量人民流落他鄉的國家——較富有的僑民通常會在內戰停止後，負責供應內戰所需的資源。

直接集中注意力在這些因素上，就可以把全球性的行動導向避免衝突上，而不是等著衝突發生後再去干涉。有許多辦法可以完成這種目標：

・藉由國際性的追蹤管道，追查各種戰利品的流向，像是衝突鑽石❷，使這些戰利品難以銷售。

・強化對抗洗錢的措施，直接並且及早沒收屬於掠奪運動領導人的資產（就像各國政府開始對恐怖組織所採取的行動）。

・藉由全球性的力量，在前述那些很可能會發生衝突的國家裡嚴格控制小型的軍火交易。

・在由一個強勢民族統治弱勢民族的國家裡，必須特別避免衝突發生，還要有人權觀察的報告，並且推動在憲法中保障弱勢民族權利。

第三，對抗全球恐怖主義現在已經很清楚是全世界的重要課題，不過才正開始起步，

❷編按：衝突鑽石是指產自那些由與國際公認的合法政府對立的部隊或派別控制地區的鑽石，被用來資助反對這些政府或違反安全理事會決定的軍事行動。

還得耗時多年。這項課題的影響範圍有多大，可以從以下幾方面看出來：蓋達組織所形成的網絡，運作範圍竟然超過五十個國家；蓋達組織能夠在社會裡暗藏多個鬆散連結的潛伏基地；而其試圖展開破壞行動的目標差不多有二十幾個國家——從美國、約旦到厄瓜多，甚至還有新加坡。對抗像蓋達組織這樣的網絡，需要前所未有的情報共享機制、全球調查工作的指揮，並且要發展出共同的操作定義與標準。如同前文提到的，必須採取的行動中包括了對抗洗錢、對抗其他支持恐怖主義的金融管道——這個課題在下一章會繼續討論。另一個提議，是或許可行的「重建」北大西洋公約組織，在對抗恐怖主義與大規模毀滅性武器的任務上，或許會納入俄羅斯與中國。

就像其他的全球性議題一樣，維和、避免衝突、對抗全球恐怖主義這三項課題，所花的錢並不算太多。聯合國一九四八年以來的維和工作，只花了三百億美元。而全世界合力避免衝突發生的將可以花更少的錢——而且可以讓大量人口免於苦難，讓社會免於動亂。而要對抗恐怖主義，儘管代價將會遠遠高於任何人在九一一事件之前的想像，不過眞正需要的其實是全球性的組織，而非大筆經費。舉例來說，要追蹤恐怖主義的金錢流向，就涉及許多我們早就該做的事，像是防範金融弊端、對抗洗錢等（參見第十四章）。

這也和兩種心態的改變有關。首先，要改變自從柏林圍牆倒塌後就降低了警戒心的心態。在這個時代，科技發達使小型恐怖主義網絡、軍閥、叛亂團體足以掌握過去只有大型國家軍隊才會有的影響力，但整個世界卻像是有人形容的「沒有大人管」。其次，要改變那種放任專家在象牙塔裡各自行事、成爲次文化現象的心態；在這種心態下，恐怖主義、維和、避免衝突、禁止核擴散等議題，似乎只有專家才懂；但其實我們需要的是朝同一個方向尋求全球安全，這樣才能更好地整合這些次議題與次文化。

課題九：全民教育

世界上每六個成年人，就有一個人無法閱讀或書寫。有大約六億名女性與三億名男性還是文盲，其中有九九%是在開發中國家。六至十一歲的兒童之中，大概有一億一千五百萬人（占五分之一）未就學。在學的兒童裡，有四分之一的人還沒完成五年的基本教育就輟學了。研究顯示，成年人如果沒有接受五、六年基本教育的話，都稱不上有計算能力和足夠的識字程度，這些問題在南亞、非洲、中東最爲嚴重。

此外，所有開發中國家的初級、中級、大學教育品質，都很難符合新世界經濟所需的標準。全世界都很迫切需要一套國際的認證制度，但根本還看不到這套制度出現。

既然教育大多發生在當地，而且主要的問題集中在開發中國家，那爲什麼教育會成爲一個全球性的議題？可以由以下四方面來說明：

・教育是建構眞正民主的社會的最重要基礎。即使是從道德的角度來說，也可以說教育是一種普遍的權利。用經濟學家沈恩（Amartya Sen）的話來說，教育提供「人類的才能」—也就是思考、做決定和邁向更美好生活的基本個人能力。

・教育是建立世界公民感的最重要關鍵，而這正是解決世界性的問題所需要的思惟（第三部會再作討論）。而且，想要發展出共同的全球價值觀，教育也是重要的工具；全球價值觀有助於後代的各種文明之間免除不必要而過時的緊張關係。

・要減緩貧窮困苦與不平等、維持永續成長基礎，教育也是最有力的工具之一。教育不只關係到生產力的成長，也與改善健康、認知到需要去關心自然環境的能力、甚至與人口數量的穩定有關。舉例來說，女生受教育的最佳回報是有助於經濟發展。因此教育議題就像貧窮問題一樣，是「基本功」，而且這兩者彼此緊密連結。如果教育可以在世界性的規模上成功處理的話，其他全球議題也就比較容易解決。

・最後，知識密集的新世界經濟，需要各國在教育上努力往前大幅進展——從初級教育到高等教育，甚至要活到老學到老，而且競爭力還得受到認可。如果大多數國家都做不到這一點的話，未來數十年的各國之間就會產生更嚴重的不平等現象。研究顯示，在一個國家的人口達到平均六年教育的門檻之前，這個國家會維持在低報酬的經濟條件，並且政府的治理成果通常不會太好——未來二十年裡，新世界經濟一定會再提高這個門檻。以全世界的角度來說，教育可以造成更平等的環境，也可以造成更大的落差。

該怎麼做？關於世界全民教育，有以下七個項目需要討論。

首先是一項迫切的全球任務，要幫助全世界建立或重新建立**基礎教育**。除了中亞和西非這兩個區域之外，世界各國的初級教育的平均支出預算在過去二十年都有所提高。然而還有更多事尚未完成。在開發中國家，基礎教育通常因爲缺乏足夠設備、適任的教師、教科書、家長的支持、社區參與等等原因，所以品質非常低落；即使在註冊人數比例較高的地方，輟學和留級的比例通常也相當高。

因此我們迫切需要更多的資源來提升開發中國家基礎教育的質與量。這需要花多少錢呢？從全球的角度來看，這個數目並不算太大：基礎教育每年需要大約一百億至一百五十億美金，但其中大部分必須來自官方的補助。收學費並不是個好辦法，但單靠政府預算也無法處理這個問題：舉例來說，在尼泊爾，這種教育預算意味著從已經相當吃緊的國家預算中，再把教育經費從一三%提高到一七%。

但是，強化全世界的基礎教育（通常指的是比我所說的「全民教育」更狹義一點的層次），只是第一個重要步驟而已。更宏觀的策略是盡可能號召更多的國家，共同參與提升教育系統水準的計畫，從初級、中級到大學的整體教育，以符合新世界經濟的需求。國際間的努力，對化解全世界的貧困與日益滋長的不平等現象大有助益。平均來說，基礎教育每延長一年，可以使成長率增加〇．四%，而科學成績每提高一標準差值，則可以提高一個百分點的成長率。

最後，如何建立一個全世界、跨國界的**認證系統**，也非常需要全世界共同努力，這並不是爲了要取得學位，而是爲了要獲得眞實生活中的能力與技巧。在一些像是軟體程式設計等小範圍的領域，這樣的系統已開始出現。這種認證方式極可能普及於各個領域——而且因爲有新的資訊與通訊科技，這是可以達成的。在遷徙愈來愈頻繁的世界裡，這幾乎是不需思考就知道的事，然而全世界很少有人在這個重要的概念上努力去發動全球性、有組織的行動。

在前述意義下的廣義全民教育，是很重要的世界性課題，可以帶來大幅的雙贏局面。以全世界的規模來看，要付出的錢並不算多，而且在這方面很自然會有國際合作與意見交流。但全民教育仍然飽受忽視。二〇〇〇年在塞內加爾的達卡（Dakar）所舉行的跨政府會議得出一項結論：十年前在泰國就舉辦過這樣的會議，但十年來做到的事少之又少；而且焦點也幾乎都集中在基礎教育上——基礎教育的確非常重要，但只不過是起點而已。

課題十：全球性的傳染病

全世界突然面臨非常嚴重的健康危機，原因又是開發中國家的貧窮與匱乏。愛滋、瘧疾、結核病、肺炎、痢疾、痲疹等疾病，現在每年導致一千三百萬人死亡，而且死亡人數持續上升。這些疾病可能會使許多開發中國家數十年來的發展建設不進反退。這些疾病沒有國界，而且傳播速度愈來愈快：試想一次大戰結束時，十八個月之內，豬流行性感冒（swine flu）就在全世界循環流行了五次，當時甚至還沒有商業性的空中交通。現在的疾病擴散速度則更有如大軍壓境，而愛滋、瘧疾、結核病尤其棘手。

目前世界上有四千萬人罹患愛滋病，其中九五％的病患住在開發中國家；光是非洲就有兩千八百萬名愛滋病患。這種病從二十年前左右開始流行以來，有六千萬以上的人受到感染，死亡人數高達兩千五百萬人——差不多是歐洲一三四七至一三五二年間黑死病的死亡人數。每天都有一萬五千人受到感染，其中大多數是十五至二十四歲的人。非洲的愛滋病傳播速度已經減緩了一些，部分原因是因爲病毒找不到太多沒受過感染的人；但在印度、俄羅斯、加勒比海和近來的中國，傳播的速度卻加快了。在非洲，愛滋病通常是跟著軍隊移防而傳播，在俄羅斯則是藉由注射靜脈毒品，在印度則藉由卡車司機，在泰國藉由監獄裡共用針頭，在緬甸則是藉由貧窮的僧侶共用剃刀——疾病總是可以找到門路趁虛而入。色情交易與不安全性行爲，也總是會和愛滋病畫上等號。

約有一千兩百萬名兒童因爲愛滋病而變成孤兒，這個數字到二〇一〇年會膨脹到四千萬。雖然過去三十年來，在非洲的許多地方和其他地區，平均餘命都逐漸增加了二十年，但非洲的平均餘命突然間驟減了六、七年，而在南非與管理得宜的波札那，平均餘命更降低了十年以上。要是沒有提供有效治療，光是在接下來的十年之內，南非就可能會有四百萬至七百萬的人會死於愛滋病。

有十六個以上的非洲國家，成年人口的致病率超過十％。而當致病率高達二〇％以上時——就像在某七個國家的情況——年收入降低幅度可能會超過國內生產毛額的一％。惡性循環於此形成：這種疾病會侵害年輕而性生活活躍的人，而他們正是未來的勞動力核心。在某些國家，原本就不太健全的行政系統會耗損得更快，而受害最嚴重的就是在教育部門。在象牙海岸，有七〇%的教師死於愛滋病。在某些國家，死於愛滋病的教師人數和每年退休或受訓的教師人數一樣多。

由瘧蚊傳播感染的瘧疾，儘管可以預防，但仍是我們這個時代最嚴重的問題之一。幾乎有二十億人口經由各種方式感染到這種疾病或其後遺症，而且情況日益惡化。現在一年有三億至五億個臨床病例，其中九〇%在撒哈拉以南的非洲地區。每年有一百萬人死於瘧疾。而在非洲，瘧疾造成的傷害甚至比愛滋病更爲嚴重。要是沒有瘧疾，非洲的國內生產毛額將可達到一千億美元以上。但即使在非洲以外的地區——亞洲、拉丁美洲、甚至東歐——瘧疾的情況也愈來愈嚴重。

爲什麼疫情會突然暴發？因爲非洲不夠健全的衞生體系——現在還同時要承受愛滋病的沉重負擔——以及這種疾病產生新的抗藥性，在全世界各地都有這種情況。

即使在五十年前就有藥可治的結核病——大部分是由病患咳嗽所造成的飛沫傳染——現在又重新開始散布。這種病正在開發中國家傳播，而且也再次在富裕國家傳播；因爲這些富裕國家中的結核病患有半數是外來移民。現在每年有八百萬至一千萬的新結核病例，主要增加的地區，都是在愛滋病最嚴重的非洲地區，不過結核病影響最嚴重的地方卻是亞洲。每年約有兩百萬人死於結核病，這種疾病還造成全世界每年損失一百二十億美金的收入。在成功控制結核病數十年後，竟然一國接著一國再次淪陷於結核病毒中，其中以祕魯最爲嚴重。

爲什麼會這樣？又是同樣的原因；一部分是因爲衛生體系同時受到太多種疾病的攻擊，一部分是因爲愈來愈強的抗藥性。

有太多事需要全世界共同行動，其中有許多已經經過國際間密集討論，但眞正的行動非常不夠：

・許多開發中國家的衛生系統都有待加強；不能單靠在地的資源。這是又一個理由讓我們必須更宏觀地思考官方援助的事。想想看看治療愛滋病的經驗，對於最貧窮的開發中國家平均每個人就醫時衛生系統只能負擔十至十五元美金的醫藥費用來說，即使是調降過的藥品價格還是貴上三十倍。所以，衛生保健的觀念宣導和預防工作是很重要的兩件事。

・我們需要專門的緊急基金，以預防並治療這三種疾病。七大工業國以及其他合作國家與若干私人的捐助，在二〇〇一年熱內亞高峰會就做出了如上的決議，但（一開始是大約二十億美金）遠不及實際所需的數目。要在未來二十年控制這三種疾病，每年需要五十至七十億美金，而且可能更多。

．這些資源裡，一部分應該先用來購買世界級的新藥物，好讓各實驗室有更大的動力願意去開發這些新藥物。目前這些實驗室的重心都放在研究富裕國家裡不具傳播性的疾病。

．因爲前述原因，我們也必須創造出富裕國家稅制上的誘因，以鼓勵開發新藥物、臨床實驗，並且排除這些產品在貧窮國家的行銷障礙。

．我們也必須想辦法來處理分層的藥物價格體系，並且重新思考授權製造的規則，這樣一來，才能夠一方面讓產品的價格變得更低，另一方面又不會讓各實驗室失去開發新產品的動力——這種情況在智慧財產權的領域中是很常碰到的兩難題。

．我們可能需要建構出一套新的公共衛生體系，它要能夠超越各個國家與個人健康的考量，專注於解決世界性的公共衛生問題。

傳染病已變成全球最危急的問題之一。我們正在和時間競賽，看看是否能夠及時控制這些疾病的傳播，是否能夠在這些疾病戰勝藥物之前擊敗它們。雖然這些傳染病主要集中於非洲，但這本質上還是一個世界性的問題；而且就像貧窮與教育一樣，都是最基礎的問題——如果沒有妥善解決，其他問題也就不容易解決。而且如同前文所提到的某些數據，解決這個問題的所需要的支出，以全球的角度來看並不算太高。

課題十一：數位落差

就如同教育可以拉近或加大國與國、人與人之間的距離，資訊和通訊科技也是如此。即使某些開發中國家有非常先進的科技（參見第四章），這些科技在全世界的分布仍然非常不均，因而造成頗受關注的「數位落差」。

最近幾年大量投資的結果之一，就是全世界通訊系統令人不可置信的生產力過剩。就算未來的一整年，全世界六十億人都不停地講電話，這些談話的內容，用目前的頻寬不到幾個小時就可以傳送完畢（頻寬是指連接彼此住家與辦公室，以及提供資訊給全世界的能力）。

然而有二十億人口根本連一通電話都沒有打過。像是曼哈頓與東京這樣的地方，電話線路比撒哈拉沙漠以南的非洲地區當然更多。行動電話的網絡系統僅僅覆蓋全球二〇%的面積，而且大多是在富裕國家。電話密度（每一百名居民所擁有的電話線路）在富裕國家是五十至六十，但在最貧窮的開發中國家則不到二。即使在開發中國家，通訊系統的分布也是很不平均的：一九九九年時，十個最大的開發中國家裡，有八〇％的外國投資都是集中在通訊業。在各國之內，也同樣有很嚴重的不均現象：在尼泊爾，城市住家擁有的電話數目可能是鄉村住家的一百倍以上。

資訊科技的分布更是不平均。美國與歐洲之間的網際網路流量，是美國到非洲的一百倍、到拉丁美洲的三十倍。全世界約有十％的人口懂英文，英文也是全世界七五％的網站採用的語言。富裕國家擁有全世界九五％的主機，非洲則只有〇・二五％。這和電話密度低有關：一個國家的電話密度如果低於五的話，就幾乎不太可能馬上進展到全國都連結上網際網路的局面。

爲什麼我們要憂慮這種情況呢？因爲這些科技提供開發中國家大幅躍升的機會——在許多地區，一個國家如果沒有這些科技的話，很難想像能夠有所發展和減緩貧窮問題：

・**減少孤立**：孟加拉的行動電話通訊系統顯示，每個村子裡如果有一支行動電話，就可以帶來眞正的商業活動，而且這支行動電話會成爲全村的命脈。在南美洲的安地斯山區，鄉村地區的衛星電話通訊比緩慢的郵務系統更能降低通訊成本。

・**教育**：新科技提供的教師訓練與聯絡網絡，可以提升基礎教育的品質。印度貧民區的小朋友，透過「牆上的電腦」的錯誤嘗試練習，學習到基本的電腦技能。南非的商業學校透過互動式的遠距教學系統，影響了數以百計的偏遠地區。還有第五章提到的蒙特利科技大學的例子。

・**電子化政府**：這項突破性的應用正快速展開，可望帶給人們更好的服務，讓政府變得更透明，減少官僚式的麻煩、錯誤與欺詐。在非洲的茅利塔尼亞，一套經過改善的預算管理系統，成本在幾個月內就回收了。印度安得拉邦省（Andhra Pradesh）的政府正在進行電腦化，在效率和透明度上都有很大改善。

・**醫療**：在衛生保健方面，資訊科技的應用範圍非常廣——病患資料、護士訓練、衛生知識傳授，在某些案例中，甚至還包括遠距醫療。遙感器沿著五萬公里長的非洲河川收集資料，使河盲症❸（river blindness）得以控制。

---

❸編按：河盲症（river blindness）即蟠尾絲蟲症（Onchocerciasis），主要流行於非洲及拉丁美洲，是這些國家的主要的致盲眼病。該病是由沿河流繁殖的小黑蚊叮咬而傳播；人被小黑蚊叮咬之後，會感染到微小的線蟲，而線蟲轉移到了眼球則會造成失明。

・**環境管理與生態平衡的農業**：以網際網路爲基礎的網絡、人造衛星偵測、與最佳實務範例的經驗交流，可以爲這兩個領域帶來快速進步。

・**與企業的連結**：即使是開發中國家的小型企業，也可以把市場與富裕國家的大型合作夥伴相連結。第四章、第五章中提到的摩洛哥的服裝業者與衣索比亞的牧羊人，即是兩例。

我還可以不斷討論下去。總之，新科技已成爲加速發展、減緩貧困的最可行方法之一，在十年前沒有任何人可以想像得到這種方法。但從世界性的觀點來說，也必須確保這些新科技可以縮減財富與收入的鴻溝，以免使目前極度不平均的分布更加惡化，到柏克萊大學教授柯司特（Manuel Castells）所說的「科技隔離」（technological apartheid）的地步。與新科技在富裕國家的傳播速度相對照，這的確也是迫切的世界性問題。還有很多工作得趕緊完成。

而且解決這些問題並不需要非常多經費。要解決這些問題，並不是要贈送大量的電話與電腦給貧窮國家，重要的是要幫助他們自己來培養出擁有上網設備並且熟悉新科技的使用者。以下列出一些可以考慮進行的全球性措施：

・協助一百個以上的開發中國家迅速發展出政策，以求促進社會改變，成爲從教育、資訊基礎建設，到研究與創新等層面都是以**知識**爲基礎的社會。

・效法智利的做法，把民間在擴充通訊系統上面的投資涵蓋到各偏遠地區——也可以針對這個目標提供全球性的補助基金（參見第三章）。

・對基礎連線程度不平均的現象，提供更多的援助來補求——包括提供資金給小鄉鎮與村落來建設社區通訊中心，並且提高電腦密度、提升讀寫能力。

・建立全世界交流最佳應用方式的能力——在開發中國家的建設上，大學提供新科技的有效應用方式。

・建立全球南北企業育成制度與監督系統，以收立竿見影之效。這是很重要的事，因爲巴西和其他地方的經驗顯示，除了連結性與連結網際網路的能力之外，各國要想迅速起飛，一定需要非常多中小企業、網路服務業者（ISP），以及本地內容製造者的投入。

・在其他世界性的問題上，像是傳染病、全民教育、天然災害的預防等，也要提升新科技的使用程度。

可能有人會認爲，有關數位落差的問題雖然也有待解決——二〇〇〇與二〇〇一年沖繩和熱內亞的七大工業國高峰會對此做過討論——但並不像其他二十個世界性的問題那樣嚴重而迫切。這種想法其實是一種誤解。就像第二個範疇的許多問題一樣，這個問題也是「基本」的問題；這項問題的解決，有助於解決其他問題。

課題十二：天然災害的預防與減輕

在九〇年代，天然災害——水災、旱災、地震、暴風雨、颶風、暴雨、土石流等——一年衝擊全世界五百至八百次，造成的損失在六千億美金以上，這個數字比之前四十年的總和還高。它們在九〇年代造成的損失，是八〇年代的三倍、五〇年代的十五倍。九〇年代的損失，有四五%發生在亞洲，三〇%在美國，十%在歐洲。這些災害影響到全世界二十億的人口，並造成四十萬至五十萬人死亡，其中有三分之二以上都在亞洲。有半數的死亡是由水災導致，其次是地震。

有哪些原因造成情況愈來愈惡化？

・現在有許多生態系統嚴重受損，無法再扮演原本的天然緩衝的角色——森林砍伐、濕地破壞都是常見的例子。水壩和河堤通常會干擾河水的流動，並且加大水災與旱災的嚴重程度。

・人們遷往更容易發生天然災害的沿海區域——現在有二十億人口居住在離海岸線不到一百公里的區域。

・很快地，全世界有半數以上的人口會居住在都市；而隨著建築物興建的區域愈擴張，天然災害造成的損失和傷亡也會愈高。許多新的都市居民住在危險的山坡地與氾濫平原區。

・全球暖化讓各種情況都更加嚴重惡化。保險業者預測，氣候變遷造成的巨大損失，日後會更加嚴重。

因爲這個課題如此嚴重，會帶來如此巨大的傷害，所以預防並減緩全球天然災害的措施是絕對必要的。但是這裡有另一個問題還沒有全盤解決。以下是一些相關措施的案例，也是一些全世界應該積極採取的行動。

・全球人造衛星偵測與遙測系統。

・對於像孟加拉這種經常發生天災的國家，應該要提供國際支援，協助他們解決河堤、水壩、水閘、土地使用計畫、準備措施、急難救助、災害管理系統、警示系統等問題。即使是比較少發生天災的國家，在不尋常的大災難發生率愈來愈高的情況下，也需要協助他們把整合性的災害管理系統納入發展計畫之中。這些協助工作，包括分享各國建立並管理建築規範與標準的經驗。

・全球共同努力，推動小額信貸款與小額保險，以求預防與降低風險，使最容易受害的窮人可以使用這些措施。

・建立國際連結的急難應變與民防系統。

・全世界一起努力，使保險公司與資本市場更能夠站在這套應變系統的核心地位。例如利用「災難債券」、「天氣期貨」或其他衍生商品來分攤財務風險。災難債券的收益率非常高，但天災一旦發生，償還的本金就會減少。

天然災害的管理，最能夠清楚說明爲什麼某些全球性的問題與人道關懷有關。因爲這些天然災害的規模與頻率都大大提高——如同本章所討論到的各種問題，所以非常需要全球共同擔負起責任。而以下要討論的另一個範疇的世界議題，性質可就截然不同了。

14 制定全球法規

大部分的人類事務並不需要法規的控管，或者只需要在一個國家的範圍之內控管即可。但有些事情還是需要全球性的控管，以防止漏洞或者搭便車的現象。之所以要在這些事上訂定規範，是爲了全世界共同的利益著想，但這些規範只有在所有國家都能夠共同採行時才有效用。爲什麼這麼說？因爲如果只有某些國家採行這些規範，則這些規範所要控管的活動就會脫逃到不遵守這些規範、只享成果而不付出的國家。更糟糕的是，有些國家甚至會堂而皇之地利用不遵守這些規範的條件而做起生意，形成漏洞，破壞全局。

第三種範疇的問題，因爲有以下兩個理由而比較難以用清晰的術語書寫或概述：一方面是因爲我們打算規範的通常正是那些試圖藏匿起來的事物，或者還沒有眞的浮上檯面的事；另一方面，控管議題通常非常複雜。因此本章將只大略陳述。

課題十三：重新設計稅制

很難想像，如果沒有從全球的觀點來重新思考稅制問題的話（而且應該愈早愈好），世界未來會變成什麼樣子。以下提出四種主要的理由來討論。

首先，新世界經濟變化的速度很快，而且愈來愈依賴虛擬且非在地化的程序，對稅制形成巨大的挑戰。現行的稅制進展緩慢，以書面形式爲主，而且是非常僵化的**屬地主義**稅制。這眞的是一顆定時炸彈，影響所及，包括企業稅務、個人所得稅、營業稅，以及實際上各種形式的稅制：

・企業納稅人的機動性愈來愈高，也愈來愈常把公司登記在低稅率的地點。回想第四章提過的例子：華府的醫生以電話向位在印度的打字員口授備忘錄，這家公司可以登記在印度或美國。許多英國的賭博業者，近來都在離島地區設置了線上公司。大體而言，隨著愈來愈多公司的工作團隊成員分布於世界各地，愈來愈難有一個單一國家足以宣稱有權徵收這類公司的所得稅。也難怪有些成爲避稅天堂的國家，現在也開始以電子商務中心的角色來自我行銷。事情還可能更複雜：隨著愈來愈多公司隨時有能力遷移，不難想像稅務的競爭會愈演愈烈——特別是現在已有像愛爾蘭這樣的國家證明了低稅率政策可以吸引衆多企業。

・個別的納稅人，同樣也可以提高移動能力來避稅，後果影響很大。舉例來說，在美國，前一%最高收入的人口所繳的稅，就占全國個人所得稅收的三成。但網際網路出現後，要精確定位出納稅人的身分、地點，變得愈來愈困難。納稅人可以把稅繳到低稅率的地方，因爲現在有愈來愈多管道可以辦到，有關資金收入更是如此。這一切在在意味著，比較有錢、比較有移動能力的納稅人，開始在比較沒有移動能力、非都會化的納稅人身上占便宜。

・對於稅務人員來說，電子商務交易比傳統交易更難以追蹤，這在中間人的角色（他們在稅金徵收與相關資訊上扮演重要角色）被排除掉之後更顯困難。在紐約買一本書，得付八・二五%的營業稅；但是從亞馬遜網路書店上訂同樣的書，根本不用付稅。在歐洲，英國公司在線上賣東西給德國客人，得加上德國的加值稅，但英國有關當局眞的會覺得有責任去查核這筆稅款嗎？

這些問題（以及其他問題）隨著新世界經濟現象愈趨明顯，只會變得更嚴重，特別是因爲電子商務的發展還會產生匿名電子貨幣問題（參見下文的說明）。這些問題讓情況雪上加霜，因爲各國政府才正開始面對由人口老化與愈來愈沈重的退休金重擔帶來的財政壓力。光是爲了這項理由，全世界就應該認眞重新思考稅制改革的問題。

但還有第二個理由讓我們必須重新思考稅制，這個理由和**保護地球環境**有關。如我們所知，對抗全球暖化需要採取完全不同的能源模式，而如果沒有稅制上的獎勵，是不可能辦到的。各國正在開始思考以徵收碳稅的方式，來促使大衆大幅改用更高效率的能源，並且利用再生能源與其他方式，達到去碳化的目標；因此重新思考稅制就更加迫切。大體而言，我們有這麼多的環境問題，如果要認眞來面對這些問題的話，也應該要課徵某種綠色稅或環保稅，來反映這些消耗掉的商品所要付出的環境成本。

重新思考稅制的第三個理由，是關於**目標**和**結構**。要思考的問題很多，舉例來說，我們需要課徵的碳稅和環保稅，相較於直接稅（所得稅）來說，增加了間接稅（消費稅）的比重。藉由這種在消費過程多徵稅的做法，可以抵消日益增加的規避所得的問題，可能也會改變直接稅與間接稅之間的平衡。有些人宣稱，針對消費（消費的定義爲「收入減去儲蓄」）徵稅是未來的方式；課徵消費稅也和另一種比較早期的概念相關——最近甚至美國財政部長歐尼爾（Paul O'Neill）也如此暗示——那就是廢除公司稅，因爲那是對所得重覆課稅。

這些改變會造成間接稅的比重增加；雖然有些改變是非常需要的，卻對低收入納稅人不公平，這時就需要思考負所得稅（negative income taxes）——這也是某一種補助金。我們可以感覺到，重新思考稅制既是非做不可的事，卻也困難重重，因爲它會引發非常複雜的問題——有些問題我甚至還沒討論到。例如有一些可以收一石二鳥效果的概念；像是課徵投機資金流動的稅（所謂的國際貨幣交易稅〔Tobin tax〕），或是課徵軍備武器的營業稅——藉此減緩這類資金的流動，並且募集世界性用途的資金。

重新思考稅制的最後一項理由，是關於**課稅的方法**。美國（以及菲律賓、厄利垂亞〔Eritrea〕）的稅制是**屬人主義**，不論國民身在何處都得課稅；而其他所有國家都是採取屬地主義。同時存在這兩種互相衝突的稅制，實在很難想像全球稅制要如何提高效率。而情況一定會愈來愈混亂，因爲愈來愈多開發中國家會爲了對技術性移民課稅因而改採屬人主義。課稅方式的第二個問題，是關於各司法管轄範圍之間的稅務資料自動轉換的問題。這樣的資訊轉換愈來愈受到討論，因爲這會帶來「一石三鳥」的效果：把有害的稅務競爭轉化爲健康的稅務競爭；並且有助於辨識可能會造成動盪的資金流動；還可以追蹤跨國的洗錢行動與恐怖份子的資金流動。

因爲稅務問題太過複雜，所以任何改變稅制的想法都會引發強烈的贊成與反對聲浪。不過有一件事是確定的：如果要避免造成有害的混亂局面，那麼勢在必行的課稅變革就不應該只實行在某些國家，而是在全世界各國進行。要是有某種能重新思考二十一世紀稅制的全球架構，這個世界會變得更加美好。最好能夠儘快展開這種重新思考：因爲這已經不是祕密了，適用於二十世紀的屬地主義式稅制無法適應未來的變革。

課題十四：生物科技的規範

在二十年前，有關生物科技的規範根本還算不上是什麼議題，但是近年來生物科技爆炸性的進展使之變成迫切的全球問題。但生物科技還在嬰兒期，所以引發的問題與可能性遠多於已知的解答與結果。你可能已經察覺到，這個問題需要的是某種至少到達臨界規模的全球規則——即使這些規則的內容目前還不太清楚。

生物科技的發展有很多相關領域，都是出於科學家在生命基礎密碼DNA、RNA和它們所觸發的蛋白質——的解碼成就，這場革命顯示，一切活著的有機體都是資訊處理的機制，但其中仍有非常不同的特徵。以下介紹三個相關領域：

・**基因轉殖的植物與動物**：把植物或動物加以培育或混種交配以產生所需的特徵，這個過程需要很多時間，但這種做法由來已久。今天跟以前不一樣的地方是直接操控基因，使得過程快得多，而且範圍更大。農夫現在一年可以種植五千萬公頃的基因改造作物，如大豆、玉米、棉花、油菜，其中九八％在美國、加拿大、阿根廷，其餘則分散在十來個國家。在這些種植基因作物的土地，每四公頃裡，有三公頃是種植那些被設計成可以承受除草劑的穀物，其餘的則種植被改造爲可自行合成滅蟲成分或其他特徵的作物。其中有些特徵非常引人注目：孟加拉的抗旱又抗洪的扁平豌豆，已經改良成不具毒素，因此在飢荒時大量食用也不會有害；有些植物被改良爲可以在高鹽分的土地上生長。基因轉殖的植物、動物、細菌已在開發中；這些動植物或細菌可以製造新原料（如塑膠或堅韌的絲蛋白），或是清理汚染過的土地；有些改造過的有機體甚至可以用天然氣來培養。其他基因改造的動物還包括可以長得更快更大的鮭魚。

・**幹細胞和其他複製應用**：幹細胞是一群尙未完全分化的細胞，可以分化出其他更多特定功能的細胞。幹細胞可以從胚胎、胎兒、臍帶，或者甚至成人身上收集而來，如果加以適宜的生化學推動（biochemical push）的話，可以衍生爲各種不同的成熟細胞。這項涉及到所謂醫療選殖（therapeutic cloning）的科技，可以用來生產許多產物，像是無限量供應的無毒血液、給帕金森氏症病人用的製造多巴胺（dopamine）的細胞，以及不會造成病人排斥、量身定做的細胞。可能性說都說不完，而且令人瞠目結舌，有些再生複製的應用簡直像是電影科學怪人中的情節。

・**詳盡的基因知識所催生的疾病治療革命**：二十世紀末人類三萬組基因的解碼工程，只是接下來進一步發展的基礎。很多生命中的不同樣貌與複雜機轉，並不是以DNA與RNA為中心，而是以DNA與RNA所觸發的蛋白質為中心。不過光是基因知識中帶來的可能性就足夠震撼人心了：更精準的疾病診斷、第一時間就能發揮效果又不會有副作用的藥物、可以事先警告可能得到什麼疾病的預防醫學，以及從病毒的基因結構預測其毒性的能力。基因知識也可以應用在人類馴養的動物上。

那為什麼生物科技需要規範呢？有以下幾項理由：

・**道德因素**：有些生物科技的應用，譬如為了要取得不同的胚胎幹細胞，涉及到對胚胎的破壞，這就與道德、宗教規範產生嚴重衝突。這種衝突讓美國政府在二〇〇一年嚴厲禁止這類研究。其他各國政府也同樣為此感到不安。

・**對生態系統與其他物種的威脅**：就像混種的作物過去曾在人口成長時有助於提高

食物供應量，未來數十年，基因轉殖的植物對於哺育世界人口也會扮演關鍵性的角色。但是這涉及到一些特別的風險：舉例來說，這些作物可能會異花授粉給其他種類相近的植物，帶來極大災害；例如抗蟲害的作物，可能會徹底消滅某些重要的昆蟲。某些外觀有吸引力、但已被改造成不育的鮭魚，一旦脫逃，就可能妨礙了其他野生鮭魚的繁殖。甚至在二〇〇〇年晚期，就有人因爲某些改良作物而出現過敏症狀，雖然症狀很容易就可以治癒，但這已是一項警訊。

・**社會危機**：基因知識可能會引發前所未知而且難以解決的緊張情勢。人類的基因資料庫可以在許多地方出現——自願進入醫學資料庫，或者不那麼自願地在法律資料庫中展示，甚至是在不知情的情況下被收進私人的資料庫。這些資料有可能被濫用，用來拒絕壽險或醫療險的給付、影響徵兵的決定、違背人們意願而追蹤出眞正的親子關係，或者甚至造成一位英國自由主義人士所說的情況：「一整個國家都是嫌疑犯。」

誰如果認爲完全不需要任何規範，都是不智之舉；即使是主張國家層次的法律就已足夠，這種主張也將很難被接受。從前文列舉的例證與危機就可以清楚看出，生物科技領域一定得有某些最低程度的全球性規範，即使只是暫時性的規範。異花授粉與類似的危機不會只侷限在國界之內，所有人都應該關注，如何在有全球安全標準的情況下進行檢測。而另一個需要全球行動的理由是：如果其他國家都沒有設限、只有美國限制胚胎幹細胞研究的話，又有什麼意義呢？有些美國公司已準備要遷到英國去。假如只有英國或瑞典限制私人資料庫收集非自願性的人體基因資料，而其實這些資料庫在網路世界隨處可得，或者可以寄皮膚切片到國外做試驗；那這種地域型的限制又有什麼作用呢？

課題十五：全球金融架構

這個複雜的問題包括了許多細節。稍微簡化一點來說，有四個主要領域的任務：控管國際金融危機、徹底強化金融體系、處理金融弊端，以及因應電子貨幣未來的影響。儘管前三個領域在近幾年有一些進展，但是沒有任何一個領域有令人信服的有效解決方案。

一、控管國際金融危機

一九九七年八月在泰國發生的問題，看起來應該是可以控制處理的，卻延燒了兩年，成爲一場影響到東亞新興市場的金融危機，後來甚至還波及俄羅斯與巴西。在一九九八年晚期，甚至還幾乎造成更大的威脅。連經驗豐富的觀察家也對這場金融危機延燒的速度與管道瞠目結舌：資金外流；銀行廣抽銀根；物價下跌；投資組合突然且不約而同地就重新調整、撤出東亞新興市場；高財務槓桿的避險基金突然反向運作。這場金融危機造成嚴重傷害，且印尼、泰國、韓國、菲律賓、馬西來亞特別嚴重；而以窮人受到的影響最爲深遠。

一九九七至九八年間，國際貨幣基金與其他機構提供大幅的救援，或是以「紓困措施」幫助受創的國家；單是一九九八年對韓國的援助就高達五百七十億美元。這些救援措施，就跟那之前幾年曾對墨西哥做過的援助一樣，招來許多批評與爭議。很多人認爲，這些紓困的承諾鼓勵了私人投資者再次輕率冒險，不顧未來——這是道德風險的問題。

即使在今天，各方對於如何因應這種重創各國的危機也有很多不同的意見。其中原則上有兩種做法。一種做法是，要有像國際貨幣基金這樣的角色，匯集大型的救援措施持續協助受創國渡過難關。另一種做法，則是讓這些國家暫時停止償還負債，然後再重新協商債務問題。儘管最近四年來有許多爭論，但這兩種做法都還有些重大的問題尚待克服：

・富裕國家與後來上任的美國小布希政府，變得愈來愈不情願提出大筆紓困經費。二〇〇一年各國提供給土耳其與阿根廷的緊急援助，就是在持續爭論這些緊急援助的原則還不確定的情況下進行的。

・有一段時間，富裕國家認爲，可以嘗試更有系統的機制在國際貨幣基金設立意外備用信貸的窗口，有系統地設立危機借貸。各國可以事先申請協助並對私人投資者發出警告，讓他們知道有可能獲得多少援助。但這樣的窗口基本上沒有啓用過。

・有些人認爲，最好的方法是及早揭發各國金融體系的弊端，但由國際貨幣基金所管理的預警系統反而會使IMF本身成爲引發恐慌的源頭。

・別說各國提不起興致提出數十億美元的紓困經費，連其他理論上的方案也沒有進展——例如在協商降低負債的同時也允許受創國家暫時停止付款。與此相關的是，更廣義的「紓困」方式所提到的，要強制發生危機的民間債權人或者投資者一起參與艱辛的危機處理，也還只是在非常籠統的討論階段。這些正式約束他們的計畫大多在二〇〇〇年中期都已失去動力。簡而言之，對於各國來說，並沒有一個像美國破產法第十一章那樣的規範可以讓焦頭爛額的債務人暫時停止償債——阿根廷發生無法還債的情況之後，美國、歐洲以及國際貨幣基金的重要官員似乎愈來愈傾向支持這樣的做法。

一九九七年以來，已經有幾百次的討論、幾百項議案，幾百個委員會，甚至還組成了一個特別的G20組織（第三部會再討論），再加上幾年來接二連三的危機，我們還是沒有一套眾所周知、有組織結構的規則與機制來處理金融危機。目前看起來，主要的處理原則就是視情況而定。誠然，有些地方已有進展，但總體來說，就如同經濟學家史迪格里茲（Joseph Stiglitz）兩年前所說的：「一整座大山才生出一隻小老鼠。」（譯註：喻事倍而功半。）有兩份發表於二〇〇一年秋季的報告都強調近幾年進展不足；一份是由新興國家的前中央銀行行長與財政部長所做的報告，另一份則是大英國協祕書處委託的研究。

二、強化國內的金融體制

最近四十年來，全世界歷經了一百次以上的金融危機。其中有幾次較大規模是發生在富裕國家如美國、西班牙、瑞典和日本。有些國家一再出現這種危機，付出的代價往往相當驚人：在一些開發中國家，金融危機的代價可能高達國內生產毛額的四成；美國儲貸機構發生的金融危機，付出的代價居然也高達國內生產毛額的五％。銀行業的弊端有時候會引發國際的連鎖效應，像是一九九七至九八年亞洲爆發的那次金融風暴，即使沒有引發國際連鎖效應，也常常會造成大規模的金融危機。從這點來看，強化國內的金融體系也是世界性的議題。

仍然有太多的事情要做。儘管國際貨幣基金與世界銀行都非常努力，但還是有許多國家面臨銀行不良債權所累積下來的問題、缺乏健全的金融監督機制和企業治理、證券市場發展不夠健全（發展健全的證券市場，能夠制衡狀況頻仍的銀行業）。事實上，強化國內金融部門的工作非常重要——但各國通常不太願意讓其他國家窺見本國的銀行業——現在正是全球一起依循共同原則來行動，解決百餘國共同問題的好時機。

全世界必須採取跨越各國、強化金融部門之舉措，還有一些全球性、組織性的問題同樣也得處理。以下有四個例子：

- 關於銀行最低風險資本的全球性規範，還處於不穩定的狀態。國際結算銀行（BIS, Bank for International Settlements）已經逐步停止使用比較舊式的資金比率公式，而改用一份得花數百頁篇幅來說明的新機制——這引發了相當多的爭議，還有很多任務沒有完成。
- 金融機構的會計準則，在許多重要的層面都出人意表地不清楚。銀行業之所以如此不透明，而且能長久掩蓋住嚴重的問題，理由之一是，銀行還是將貸款以歷史價值入帳。嚴謹的會計方式是要經常依據利率變化或貸款人的信用情況來重新評估貸款的價值。這種逐日結清的方式需要謹慎處理，但的確可行——丹麥銀行就做到了。古怪的是，這項會計原則已應用到所謂的「交換」（swaps，這是一種衍生性金融商品，透過這種交易，買賣雙方交換彼此的義務），但未應用至貸款之會計處理，遂造成一團混亂。

・**避險基金**仍然是一般人不太了解的金融商品，而且很少受到監督。一九九八年年末「長期資本管理公司」的崩盤（參見第七章），才使得避險基金成為矚目焦點，自此沒有被大衆捨棄。避險基金是一種自籌基金，最高可以借入比投資額度高出十五至三十倍的資金，再進一步利用期貨、選擇權和其他衍生性金融商品（這些工具能很精準地預估其他資產的價值或價差上下賭注）來發揮大規模的財務槓桿作用。這家股本資本不到五十億美元的長期資本管理公司，其衍生金融商品的風險暴露卻經常高於一兆美元。這些避險基金幾乎都是在操作一些極小的價差；本來不同金融商品的價差可能非常微小，但這些基金利用大規模的槓桿作用而賺取到大幅的價差。而有些時候，這些基金更像是對某項金融商品價格在做豪賭。一九九七年，有一個避險基金竟然持有相當於泰國中央銀行準備金的二％。最近一個驚人的慘痛案例，是美國的一家能源公司恩隆（Enron），二〇〇一年十二月倒閉時，其內部操作了一筆相當大的避險基金。現在全世界有六、七千支避險基金，操控著價值五千億美元的資產，裡面不包括恩隆案裡的那種較不顯眼的避險基金。對於政府管理避險基金及其潛在的風險，已經開始有一些對治的原則在發展中，只不過才剛起步而已。

・最近企業突然倒閉的案例（恩隆、環球電訊等幾例），暴露出全世界在企業會計及審計體制方面的缺失。在其中一些案例裡，借來的款項看起來像是營運活動的現金流量，而負債則用特殊方式隱藏起來；許多異常項目並未表現在盈虧之內，而審計人員竟然可以無視嚴重的利益衝突問題。由此造成的信用危機更加突顯出，全世界非常迫切需要一套統一的財務報告準則，不能像今天各國這樣各行其是。舉例來說，美國的會計與財務報告方法，是根據詳盡而大量的法規，這會鼓勵各公司去遵守法律的條文，而不是依循法律的精神。相反地，有些國家，譬如英國，採用的原則就比較寬鬆而主觀，比較強調公司的經濟實質，而非訂定詳細的法規；所以公司企業就必須公布旗下有實質影響力的子公司更多的詳細資料。實在應該依據全球最佳執行範例來擬定一套全世界共用的規則才對。

三、洗錢與其他金融弊端

在全世界，透過金融體系洗淨的黑錢或極度危險的金錢，總數非常可觀，一年大概有五千億至一・五兆美元，相當於全世界生產毛額的一・五%至五%。毒品的黑錢、叛亂組織移轉的資金、統治菁英所盜取的政府資金、各式各樣的流動資本與逃漏的稅金，甚至還有恐怖組織的資金，都在全世界龐大的金融組織裡與合法資金混雜在一起。海外金融中心強調保密，使金融機構有意或無意配合的洗錢活動得以進行。實際上不存在的借殼或借牌的銀行；某種程度上到處都有的「不問問題，不漏口風」的私人銀行服務；甚至全世界最大的聯行制度網絡——錢可以透過這種網絡瞬間轉移到世界上任何一家互有帳戶，但可能根本不知道彼此眞實身分的銀行——都不知不覺在其中扮演某種角色。因爲全世界最大型的銀行可能有五千至一萬（甚至更多）的通匯銀行，所以實在很容易隱匿或者沒有發現事實。

七大工業國在一九八九年發起一個工作小組，由經濟合作暨發展組織（OECD, Organization for Economic Cooperation and Development）來管理。這個小組包括二十九個領導國家與兩個國際性組織在內，稱爲金融行動工作小組（FATF, Financial Action Task

Force)，建立了四十項有關金融規範、執行法律，以及國際合作的標準。基於這些標準，這個小組已揭發了十幾個被懷疑容許洗錢的國家，包括俄羅斯、以色列、馬紹爾群島等國。其後一年裡，其中半數國家就忙著通過相關的法案，以試圖從這份洗錢國家的名單除名——這是一份大大影響國家聲譽的名單，稍後會繼續討論。但最近修改過的名單上還是羅列了十九個國家，而且很可能會再增加。

雖然FATF名單上的目標很引人注目，但仍不足以解決全世界嚴重的洗錢問題。而且還有更重大的問題有待全世界共同來解決。就說聯行制度吧：二○○一年三月，十五家以上的英國銀行在洗錢管控上出現嚴重缺失，竟然讓十三億美金透過銀行的通匯銀行帳戶轉到前奈及利亞的統治者阿巴夏（Sani Abacha）家族有關的帳戶去。同年稍後，美國竟被發現也沒有遵守FATF四十項標準中的二十八項。而且很明顯地，就像是二○○一年九一一事件所顯示的，從可疑資金流動來偵察重大恐怖活動的這件事出現嚴重缺失，各國也沒辦法控制恐怖組織的財務往來。

恐怖組織金援是特別困難的問題：那等於要「反向的洗錢」，因爲恐怖組織利用看起來合法的企業或是慈善基金並將之運用到恐怖活動上，因此難以追蹤。除了要求全世界的銀行都要小心查核其存戶的身分，並要求銀行的監督單位提供相關的資訊給司法部門，或是讓跨國的警力去追查可疑的帳戶或是禁止祕密的金錢轉匯，像是恐怖份子所使用的所謂「哈瓦拉」❶（hawala）系統之外，沒有其他選擇。而且除了強化全世界既有的架構，無法去監控這些活動：在二〇〇一年九月初，FATF祕書處只有不到十個工作人員。

金融弊端就這樣和許多其他全球性的汚名相連結——包括毒品交易、恐怖組織金援、竊取國家資源的政府等。這項議題的本質是世界性的：只查緝各國的國內銀行卻沒有得到其他國家的司法部門配合，只會使這些銀行和這些國家在新世界經濟裡失去競爭力。在洗錢與其他弊端範疇的許多問題底下，以這種搭便車和漏洞的現象最爲典型。

❶編按：哈瓦拉（hawala，又名hundi）是中東、非洲、亞洲地區所使用的一套非正式的價值交換系統（透過不同於傳統的銀行或金融體系而進行價值交換）。這套系統的起源不明，但據說早在中世紀早期便運用於如絲路、東地中海、印度洋等區域貿易範圍。現在的哈瓦拉最常運用於海外移民的勞工匯款回母國之用。

四、電子貨幣的準備工作

這個部分的全球金融架構問題，雖然是未來才會發生的事，但並非不重要。現在，各國中央銀行對利率的控制是基於兩項事實：一是一般人與企業需要用貨幣交易；二是各家銀行只有在中央銀行存入足夠準備金的情況下，家戶才能創造金錢。但未來二十年，新世界經濟很可能會轉移到電子貨幣的方向上——這種民營形式的貨幣會降低正統貨幣與中央銀行的重要性。電子貨幣的形式之一是預付的智慧卡，把金額儲存在電腦晶片上；由民間發行者所經營的軟體控制的付款系統也是一種電子貨幣。家戶與企業可以在這些電子貨幣發行者的帳簿裡進行收受與交換—如此將會減少透過銀行的金錢流動，也就減少了中央銀行的控制。

在這樣的世界裡，人們可以選擇他們想要使用的貨幣形式，因此國家的地理疆界與在此疆界內用來實質交易的貨幣形式之間會愈來愈沒有關係。這對於中央銀行的貨幣政策，甚至中央銀行作爲最後借方的角色，都有非常重大的影響。這絕不是無稽的推測：幾年來，新加坡已發展出電子付款機制來取代現金與支票，並預計在二〇〇八年之前淘汰硬幣與紙鈔。即使新加坡不能在預計的時間內達成目標，問題也不再是電子貨幣是否會成爲事實，而是這件事會在何時發生。爲什麼這麼說？因爲傳統形式的交易與交易最後的交割之間會有時間差，但電子貨幣可以排除這種時間差，賣方不再需要憂慮買家的信用問題。排除掉這種時間差，也就差不多把傳統貨幣與銀行中介的存在目的，以及所有因此而存在的事物都排除掉了，包括中央銀行的守門員角色。

你也許會想像，電子貨幣在許多世界性的討論與準備措施上都成爲主題，但在這種適用於「**狗紀年**」的領域裡，全球性的討論還少之又少——如同重新思考稅制的問題一樣少。

有關全球金融架構四個面向的改善工作，形成一個迫切的全球課題——如果沒有解決，就會讓新世界經濟出現嚴重缺失，並引發搭便車和漏洞問題。儘管自一九九七至九八年的金融危機以來已有許多的努力，但離徹底解決還有一大段距離。

課題十六：非法毒品

全世界的非法毒品，在零售市場大約有一千五百億美元，大約有兩億人口在使用，堪稱全世界最大的黑市。有些人相信市場可能更大，全部加起來有四千億美金。相對於其他市場來說，毒品市場也還是非常龐大：毒品市場約是醫藥市場的一半大，與分別是兩千億美金的菸草與酒的市場相當。在一千五百億美元的總市場裡，美國和歐洲各占了六百億美元，這是目前最大的兩個市場。美國的使用人口總數，從一九七〇與一九八〇年代快克古柯鹼（crack cocaine）、古柯鹼、海洛因的使用量到達高峰後，有點算是穩定了下來——但重度使用者似乎使用了更多的毒品，更嚴重傷害了他們自己。而美國之外的許多富裕國家，像是英國，非常態性的使用者與重度使用者的人數都在持續增長。

在俄羅斯、東歐、亞洲、甚至今天的非洲，毒品的使用也都在增加：一九九五年後快客古柯鹼在南非迅速散布；今日南非可能是非洲毒品問題最嚴重的地方。而人們常常忘了，巴基斯坦、泰國、中國以及伊朗仍然是全世界海洛因最大的幾個消費國。目前毒品在全世界大約一百七十個國家中流通。

相反地，毒品的製造則是集中在少數幾個國家。在二〇〇〇年，生產海洛因用的鴉片，三分之二左右產自阿富汗，而其餘大部分來自緬甸。哥倫比亞則包辦了三分之二的古柯鹼生產。而在合成毒品方面，荷蘭與東歐國家（波蘭）是全世界最主要的快樂丸（ecstasy）生產國；脫氧麻黃鹼（methamphetamines）則大多是在美墨邊界和緬甸等地生產的。只有體積比較大、價格比較低廉的大麻在世界各地都有種植，就地銷出。但是合成毒品也幾乎可以在世界各地製造，因而形成一種新的全球現象。

就如同其他的商業活動一樣，非法毒品的買賣也隨著新世界經濟的法則而開始重塑，比過去運作得更有效率，尤其是在流通方面。哥倫比亞供應商結合了物流配送經驗豐富的墨西哥私梟，有系統地使用小飛機、全球定位系統和手機；頂著名校企管碩士學位光環的高階經理人為毒販處理財務與洗錢作業。位於西班牙的一般正常公司扮演著將古柯鹼帶入歐洲的關鍵角色。以色列的犯罪組織處理著大量荷蘭與美國之間的快樂丸交易。移居他國的移民，操著警方聽不懂的語言進行零售業務：甘比亞人在丹麥，越南人在澳洲。高效率的物流與配送，使得海洛因與古柯鹼在美國能以過去的半價售出。

非法毒品交易在許多層面上帶來重大危害：

- 生產毒品的貧窮國家，販售所得常會刺激國內衝突（參見第十三章），並造成警方、軍方、政府的嚴重腐化，進而毀滅國家發展與減緩貧窮的潛力。有些販售毒品的所得最終還成為國際恐怖組織的戰爭基金，或甚至資助流氓國家。全世界有八百億至一千億美元左右的資金最終淪落到這種下場。阿富汗的毒品交易可能就讓蓋達組織得到了好處。
- 在有人民使用毒品的國家，健康會造成問題。海洛因危害生命；共用針頭會傳染愛滋病與肝炎；即使大麻也會危害大腦的活動，提高車禍的發生率。不過，不會有人反對以下的事：大部分毒品對健康造成的傷害遠低於香菸和酒精帶來的影響。舉例來說，大麻的成癮性可能低於香菸和酒精，也比較不會對健康造成威脅。而且除了海洛因以外，很少有人因爲使用毒品而死亡。(所以菸和酒對於健康造成的傷害很需要重視。)

・在有人民使用毒品的國家，更大的危害是來自圍繞著毒品交易的犯罪活動——竊盜、龍蛇雜處的紅燈區，以及飽受毒品交易折磨的貧窮社區日趨邊緣化的惡性循環。英國警方所逮捕的罪犯中，有三成的犯罪動機都是爲了要籌錢去買快克或古柯鹼。在美國，領救濟金的家庭使用毒品的比例比一般家庭高出五成，幾乎所有被逮捕的毒品相關罪犯都是來自毒品交易金字塔最底層的人，其中四分之三是有色人種，而且都來自貧窮的社區——這整個過程是把更多的美國年輕黑人送進監牢，而不是送進大學。

近來全世界在反毒方面有多大的斬獲？反毒政策通常很花錢，卻不能獲得持久的成果，因爲幾乎都是從供應商下手。對抗毒品花費最多的是美國，每年大約花掉三百億美金，相當於六百億美金零售市場總額的一半。其中四分之三是用來對抗毒品的生產與流通——從遙遠的國家到與使用者進行交易的大街與密室。

很遺憾的，這些反毒政策有嚴重的侷限性：

・缺乏全世界的通力合作，想要打擊毒品生產國的毒品出口，通常結果只是讓生產者另覓落腳處、重新組織，而無法連根鏟除。舉例來說，祕魯與玻利維亞在九〇年代大舉砍伐古柯樹，結果是提高了哥倫比亞的古柯產量。毒品的利潤實在太高，但可以低價生產，又容易更換生產地點。

・運送毒品的獲利也非常高，因此切斷了某據點，只會造成另一據點的崛起。一位駕駛員載送二百五十公斤的古柯鹼，開價五十萬美金；而就古柯鹼每公斤賣十萬美元的市價來說，屆時只要提高二%的定價就夠了；就算事後被迫要放棄運送的飛機，代價也不過是加倍，增加四%的成本而已。運送的路線可以巧妙改變：近來非洲就成爲從亞洲與拉丁美洲運送毒品到歐洲的活躍平台。高獲利的毒品交易，也使得他們很容易賄賂進、出口國的警方與海關官員，讓相關單位對毒品運送睜一隻眼閉一隻眼。

・要切斷貨運更是困難重重。運送古柯鹼進入美國的組織大約有一百個；切斷一個，另一個會馬上接手。美國境內逮捕到的毒品犯，有四成只是持有大麻，而只有不到兩成的人是販售或者製造海洛因、古柯鹼或者其他毒品。毒品交易和其他犯罪活動不一樣的是，買方和賣方一個願打一個願挨，而且不會有證人出面投訴，因此警方只能依靠笨手笨脚的線報、電話竊聽、暗中調查的方式，過程中還冒著傷害公民自由權的風險。

解決辦法是什麼？最近有些頗富爭議性的新構想，其論點大致如下：世界各地的毒品交易造成的破壞——以及難以斬除的高獲利的生產、運送、流通的問題——都是因爲毒品的進口價與零售價之間有巨大的價差。舉例來說，在二○○○年下半年，巴基斯坦或阿富汗的農民生產一公斤鴉片可以獲利美金九十元，而一公斤的海洛因（需要用十公斤的鴉片製造）在當地的批發價是三千美元，然後可以用八萬美元售往美國，而在美國街頭的零售價則高達每公斤二十九萬美元。

從這樣的價差得到好處的是那些流氓國家、恐怖主義、犯罪活動，以及貪污腐化的現象——而且還會造成貧窮社區與人民持續邊緣化、受困於毒品體系。正是這樣的價差造成了禁絕毒品交易的工作非常困難，而且往往徒勞無功。弔詭的是，正是因爲富裕國家努力切斷供應商才會造成高價差的後果。

這樣的推論，讓甚至包括政府官員在內的不少人得到一種結論：要解決全世界的毒品問題，就必須具體降低價差。要如何達成？有人建議要把火力集中在需求者這方面，而不是供應商。這實際上會造成兩種後果：

．首先，這意味著要選擇性地開放法規，允許持有或交易某些比較不具成癮性的非法毒品。這樣做的目標，是要拉低大筆毒品交易的獲利，也正圖讓使用軟性毒品（soft drug）的人遠離重度毒品的經銷商，並且不致把毒品使用者推往太邊緣的位置。連英國近來都往這個方向移動，避免立法管制所有毒品。支持這種想法的人所持的研究顯示，香菸是最容易上癮的東西（八〇%的吸菸者上癮），有四〇%至五〇%的海洛因上癮者可以戒除，古柯鹼則有九〇%，而大麻和安非他命並不會造成心理因素的上癮。他們也提出證據來說明，所謂使用輕度毒品會導致繼續使用重度毒品的「入口理論」（gateway theory），並沒有什麼事實基礎。

．其次，提出這些新思惟的人說，這樣做，比較是從公衆健康與社會邊緣化的角度來看待毒品上癮的問題，而不把毒品上癮當成地區性的毒品犯罪問題來看待。在瑞士，研究者開始發現，即使是像海洛因這樣高度成癮性的毒品，對於上癮的人來說，經由公開管理而審慎監控的「海洛因維修治療」所得的效果，比花費甚鉅而且通常沒什麼效果的戒毒計畫更好，甚至比美沙酮（methadone）等海洛因替代品的治療計畫更有成效。法國政府對一些貧窮社區的高中中輟生進行了新的嘗試，這些中輟生原本很可能會成爲毒品流通的馬前卒，也可能會涉入犯罪活動，但是企業參與經營的中途之家提供了中輟生開發專長的密集補救課程；這種方式很有效，而且從公共資源的立場來說，很符合經濟效益。

這些事情和全球性的行動有什麼關係？因爲毒品涉及一百七十個以上的國家，當然是全球性的課題。儘管國際間訂定了不少協議也投入不少努力，我們還是很難不得出這樣的結論：在這個領域上，全世界只是在做例行公事罷了。有三個理由，可以說明我們爲什麼迫切需要全球性的行動。

首先，上述的新做法——降低價差，把資源與政策集中在毒品的需求面而非供給面，焦點瞄準公衆健康與社會邊緣化的層面——並不是沒有爭議的（還不是因爲這些倡導者對於較低價格會提高毒品消費量的危險程度還不夠清楚）；然而，對於某些政府來說，這種新想法看起來可以用來終結數十年令人失望的傳統政策。有些政府，特別是歐洲國家，已朝此方向邁進，並且有了很好的成果；例如降低了犯罪活動。但這些實驗，特別是在荷蘭與瑞士所進行的，也顯示出任何率先朝此方向邁進的國家會變成「淨輸出國」（net exporter）。換句話說，全世界最大進口國如美國的政策，會妨礙到其他國家朝這種大有可爲的新構想邁進。

因此我們有強烈的理由要求全世界共同努力，以具體統一的標準來思考與行動，所有國家都應大致同步，否則最好就不要採取這種新構想。而且，如果全世界都覺得這種新構想值得一試，那麼也就必須有某種全球架構的保護措施，否則要是某些國家的政治人物擁抱這種新思維，就可能馬上被政敵貼上獨厚毒品的標籤，如此一來新構想的做法就一定會受阻。

迫切需要全球行動的理由之二，與**生產**有關。要停止海洛因或古柯鹼的生產或許很困難，但比起要切斷毒品的運輸與流通來說，可能還比較容易一些，部分原因是因爲生產比較集中在某些地區。過去曾有很多這方面的努力，有國際性的合作，也有單一國家單打獨鬥，像是美國在哥倫比亞做的行動。但是從來沒有全世界大規模的共同合作，也沒有足夠的友好邦誼去幫助各國大規模發展出鴉片與古柯樹的替代性作物——這種做法確實值得思考，即使是在上述新構想的架構下，鼓勵改種替代作物的做法正吻合了較不強調斷絕供應面的思惟；而也就在此，連結上包括毒品的生產活動、恐怖組織的經費與洗錢問題、流氓國家的資金等等的問題。這已經不只是反毒的問題，而是和其他全球性的問題相連結。二〇〇一年秋天發生的事件讓大家都很清楚知道，幫助阿富汗發展出罌粟的替代作物是非常急迫的事，而且事實上早在二〇〇一年十二月時，有人就與臨時政府有關當局討論過這件事。同樣的情況也適用於其他許多國家。

第三個理由，是關於各種**合成毒品的使用量上升**這個令人憂心的問題。這些新的合成毒品丟給全世界一個全新的難題，恐怕比傳統的以植物做成的毒品更為棘手。合成毒品通常是基於原本合法的產品而來，因而躲開了傳統的毒品控管體系，而且合成毒品表面上的無害，更常導致使用者低估其危險程度。我們才剛剛開始在認眞思考，全球應該如何控制新產品及相關資訊，並且在新產品一進入市場時便即時提出警訊。這個問題又是一項重大的挑戰，最好能儘早採取全球性的行動來加以處理。

課題十七：貿易、投資、競爭的規範

這方面的全球課題常成爲大衆矚目的焦點，因爲抗議活動總是把矛頭對準它。這方面的問題涉及一項急迫的議題：貿易規範，以及兩項比較不那麼急迫的議題：全球投資與競爭的規範。有些人喜歡把它們全都混爲一談，但那是徒增混淆。

貿易規範

故事很簡單。在二次大戰後不久，富裕國家開始開放貿易並且降低關稅，主要是透過關稅暨貿易總協定（GATT, General Agreement on Tariffs and Trade），造成了令人震驚的結果：一九五〇至二〇〇〇年間，全世界的產量提高五倍，全世界商品的出口量更提高了十八倍。

開發中國家直到八〇年代開始開放貿易，成爲經濟革命的一環之後，才開始涉入這方面的事；這場經濟革命正是新世界經濟的兩具引擎之一（參見第三章）。對開發中國家來說，效果也很驚人：舉例來說，光是最近的十年，這些開發中國家占全世界商品出口的比例（石油除外）從一八％躍升到二五％，而他們近來在服務業的出口也有出色的表現；例如印度班格羅的電腦軟體出口與其他案例（參見第四章）。現在全世界的服務業中，開發中國家就占了四分之一的規模。

對於九〇年代的開發中國家來說，服務業是造成他們的平均經濟成長率三・五％、高於富裕國家的主要原因。經濟最開放的國家，包括墨西哥、巴西、中國、印度、馬來西亞、孟加拉、越南、匈牙利，甚至一些非洲國家，在經濟成長與減緩貧窮上都有極佳的表現。在九〇年代，有二十四個這種「全球化」的開發中國家、共三十億人口，每年國民平均所得都提高五%。而其他並不努力自我整合進入新世界經濟的開發中國家、共二十億人口，則是一%的負成長率；這五十幾個低度開發國家，在全世界的出口總值在五〇年代原本還占三%，到目前卻降低到一%。在今日，經濟上的孤立會快速通往窮困、疾病、落伍，以及人民喪失對政府的信心。

需要更進一步的貿易自由化是無庸置疑的。研究結果的確顯示，實際降低關稅與壁壘之後，一年可以提高數千億美元的全球產量，這些額外資源一年可以爲開發中國家帶來五百億至一千億美元的淨利——要減緩全世界的貧窮困苦問題，正迫切需要這些資源。

但故事沒有這麼簡單。由一百四十個以上的國家所組成的世界貿易組織（WTO），正是希望朝貿易自由化的方向發展，但有很多相關的複雜狀況與爭議。WTO創立於一九九五年一月，接替比較祕密性的、由富裕國家主導的關貿總協（GATT）。這些複雜的情況，預告了一九九九年十一月在西雅圖衆所皆知的徹底慘敗。而隨著WTO的成員穩定增加，這些複雜的情況更是引人注目——最近有了中國與台灣加入，全世界貿易自由化一下子又拓展了二〇%的市場。二〇〇一年十一月的杜哈會議決定發動新一回合的貿易協商，把焦點明確集中在開發中國家；其後會員國進入三年的談判階段，各種棘手課題更見清晰。

要是貿易自由化這麼有利，而且要是下一回合眞的集中在發展議程，那麼複雜的情況是怎麼來的呢？簡單來說，有三個主要的來源。

首先，即使大部分的開發中國家都做得很好，但逐漸出現的不平衡發展讓許多開發中國家擔心，富裕國家會因爲未來的自由化而取得比他們多出許多的利益。許多開發中國家覺得他們甚至沒有資源與能力去實現較早的協定，如一九九四年烏拉圭回合談判已把通訊與服務業納入自由化範圍內。他們更進一步指出，要能進入更大的市場，他們在境內的議題上就必須得到協助；像是他們缺乏足夠的港口、道路網、基礎建設、關稅體系、品管認證機制、衛生控制等等問題。最後，這些開發中國家認爲，像智慧財產權這樣的新規範，可能會使他們在知識密集的新世界經濟中敗給富裕國家。這些論點都很合理，亟需排上全球性的議程。需要做的事很多：儘管最近兩年這些開發中國家提出了許多實際的方案，但到目前爲止還很少眞正付諸行動，這讓他們相當失望。

第二項複雜的狀況與農業出口有關。幾乎所有的開發中國家——特別是低收入的國家與那些「低度開發國家」——都極度仰賴農業的出口。對許多國家來說，這是唯一一種能提升國力、幫助人民脫離貧困的手段。然而富裕國家非但沒有大幅降低農業關稅壁壘，反而持續以一天高達十億美元的津貼來補助本國農民、壓低全世界的價格、剝奪貧窮國家的競爭機會。單是在歐洲，每人（成人和小孩）每年要爲這樣的補助付出將近美金兩百元。日本與其他各國也持續都有補助政策，而美國近來的補助金額甚至還更提高。

儘管富裕國家的農業人口只占極少數的選票，但降低農業補助一直是政壇的燙手山芋，更不用說要取消補助。對於讀出了弦外之音的人來說，這可能就是一九九九年秋天在西雅圖的WTO會議談判失敗的主要原因。但問題不會就此消失，因爲這正是解決貧窮問題的核心。但處理這個問題的「杜哈聲明」，以刻意而又詰屈聱牙的文字強烈暗示了某些富裕國家會把這個問題拖延很久才處理。

第三項複雜的情況與開發中國家的製造業出口有關。即使農業出口對開發中國家來說是關鍵議題，但製造業的出口也日見成長，特別是在一些前景看好、勞力密集的產業，像是紡織業。富裕國家在紡織業領域的承諾並沒有實現，而且還濫用反傾銷手法，這種種手法近來都造成許多開發中國家受到傷害。

但是問題牽涉的層面更深更廣，並碰觸到許多富裕國家的痛處。要是開發中國家有管道進入富裕國家的製造業出口市場，許多富裕國家的政治人物、工會領袖等人深感恐懼，擔心開發中國家的低廉勞力與寬鬆的環境保護標準會擊敗富裕國家的製造商，甚至造成「削價競爭」。請注意，並沒有證據可以證明，開發中國家在提升貿易與成長的同時就一定會降低環保標準，甚至變成「污染避風港」。這第二顆政治的燙手山芋，就是使得美國與歐盟試著在西雅圖會議上把勞工與環保議題連結到貿易議題——造成西雅圖會議大潰敗，開發中國家大表不滿的第二項主因。爲什麼這樣的議案會讓開發中國家如此不快？因爲開發中國家大多相信，富裕國家可以拿這樣的理由來進行貿易制裁，而把開發中國家的產品阻擋在外；而且富裕國家經常做的事是迫使小國就範，而不是施壓於大國。

以上就是環繞於國際貿易規範的主要情況，實在萬分複雜。別因爲技術性的複雜情況與困難就忽略了眞正該注意的減緩貧窮的大問題。布丁好不好，吃了才知道；想法要經過實驗才知道能不能成立，特別是像農業補助這樣的問題。

無論如何，這些複雜的情況可以解釋爲什麼這個全球課題的解決措施顯得欲振乏力。貿易不是一個單獨的問題，還有兩項課題繼之而來。

投資規範

當全世界對貿易規範吵嚷不休之際，另一個現象靜悄悄整合進入了新世界經濟：外商投資在過去數十年來飛快成長三倍，比起貿易有過之而無不及。一九八〇至二〇〇〇年之間，全世界外商投資的總額從國內生產毛額的四％成長到一二％；在開發中國家更是從國內生產毛額的四％攀升到一六％。

現在全世界有六萬三千家跨國公司，總共有八十萬家國外分支機構。這些國外分支機構在二〇〇〇年的總營業額高達十一兆美元，遠高於全世界七兆美元的出口總額。日本或德國廠牌的汽車，通常是在美國、使用美製的零組件組裝完成。換句話說，現在一年達到約一兆美金的外資（三分之一在開發中國家，三分之二在富裕國家），成爲推動全球生產體系發展的主要推手，而生產是新世界經濟的核心所在（參見第三、四章）。運送貨物與服務到國外市場變得比貿易本身還重要。

但是，不像全球貿易有世貿組織所制定的法規，國際投資幾乎沒有國際的法規，而是使用各種國與國之間的雙邊投資協定（bits, bilateral investment treaties）。主要是由歐盟所推動的雙邊投資協定，從一九八〇年的四百個左右，到今天已經接近兩千個；參與的國家在一百七十個以上。光是這一點（當然還有其他理由），全世界就應該及早共同來處理投資規範的問題：迅速增長的雙邊投資協定使得投資者搞不清楚狀況，也可能讓開發中國家處於不利的地位。但是這項課題被當作沒有貿易急迫，才會出現反對把國際投資納入業已複雜無比的貿易規範協商的聲浪。

競爭規範

這是比較新的議題。一九九九年，全球企業的併購達到三兆美元以上，這是全球製造業在世界貿易的範圍外大規模重組的另一個表徵。這些企業併購本身並沒有引發全球性的問題，問題是出在這些併購者必須先克服高達六十個國家的競爭法令（反托拉斯法）障礙。二〇〇〇年下半年，加拿大的製鋁公司阿爾坎（Alcan）試圖購併法國的潘其尼公司（Pechiney）與瑞士的阿魯穗斯公司（Alusuisse），但最終結果並不如人意——阿爾坎必須以八種語言完成十六個國家的申請書，一共約有四百箱的文件與一百萬頁的電子郵件。

諸如此類的問題，可能會緊跟著國際貿易與投資規範的問題浮現出來。應該在國家的反托拉斯定義、法規和檢查之間尋求更大的共識嗎？一個國家的反托拉斯有關當局，應該如何處理企業界不論眞實或虛擬的、不在司法管轄範圍內進行的商務活動？應該如何處理在某些高科技領域中可能迅速出現的獨占事業？

總結來說，國際貿易、投資、競爭規範這三個全球性的議題，需要全世界果斷採取行動。最困難的挑戰在於重新思考富裕國家的巨額農業補助政策，以及克服在接下來的貿易議程上已然出現的阻礙與重重困境。急迫程度顯而易見：必須讓開發中國家在未來數十年確實有機會維持五至六％的年成長率，才有辦法解決最嚴重的大問題——貧窮。

課題十八：智慧財產權

智慧財產權（IPRS, intellectual property rights）的保護，包括專利權、商標、版權、貿易機密等等事務，二十年來從小小的國內管制問題變成高度爭議的全球課題。這是個難以一言道盡的複雜問題，所牽涉的事項繁多。但在所有糾結的事項背後有一個主要的現象，就是新世界經濟。

就如第一部所說明的，新世界經濟特別偏好知識與持續創新，正好和靜態經濟（static economy）相反。難就難在這裡：在靜態經濟的情況下，對智慧財產的保護會少於對物質財產的保護。爲什麼?因爲張三所使用的物品無法同時爲李四所使用，所以需要有物質財產的權利，以避免所有人搶成一團。相反的，如果張三聽一首歌或看一部影片，李四也能以幾乎不花費額外的成本的方式做同樣的事，所以假如分派財產權給他們只會平白把其他可能的消費者排除在外。

新世界經濟裡，什麼事都有，就是沒有靜止不動的事;物質財產權固然需要受保護，但是若要鼓勵人們嘗試創造新的軟體、製藥、歌曲、影片等等，也就需要某種智慧財產權保護。有人甚至會主張，這樣的保護比什麼都更重要，因爲生產這些新事物的成本非常高——有些藥物的研發需要數十億美元;有些電影的製作成本很驚人;有些商標則要花幾十年的時間才能建立起品質與聲譽。這些生產成本不斷提高，但新科技卻使得複製與散播達到前所未有的便利。這兩者之間的緊張程度，在新世界經濟中達到最高點。

這種緊張關係，可以說明爲什麼這個問題牽涉到千絲萬縷的事項，以及爲什麼這整個領域還處於非常不穩定的狀態。以下有三個例子:

・**軟體**:全世界正持續朝向以專利權來保護軟體的方向，尤以美國與日本在此方面最是獨步全球。但是反對人士主張，軟體不應該享有比數學公式更高的專利權;而且保護軟體的智慧財產權會降低業界創新的動力。有個例子可以說明這樣的爭議有多麼大。有些譬如Ximian這類的自負公司，試圖改寫軟體業界的規則，他們創造出一套模仿微軟招牌產品的文書處理、試算表、電子郵件程式，免費贈送給大衆——但是微軟一年兩百五十億美元的市場是基於「軟體應該被擁有」的概念上，且其基本構成要素是「所有權」。反對人士也主張說，強化軟體專利權的保護，會讓先下手的人取得獨占權，而這正指向一個微妙的交會點：一方是要促進競爭（這是反托拉斯法的精神所在），另一方則是要促進創新（這是智慧財產權法的精神。智慧財產權法的目標在於保護創新者可以在一段時間內免於受到競爭，讓他們覺得追求創新是值得的）。

・**生物科技**：開立專利給有機體這做法引發許多問題：有些人認爲這裡有道德與宗教問題、可見的環境危機（參見本章前述），以及開發中國家憂慮大型跨國公司將會主宰未來新作物種籽供應。現有九百二十多種關於稻米、玉米、黃豆、小麥、高粱等的專利權，其中七〇%由六家跨國公司所擁有。這種做法引起兩種憂慮：愈來愈多難以證明其爲創新品的產品得到了專利權；農人若要使用這些有專利權保護的作物就得付出權利金，而且沒有權利依自己的意願來保存、種植、交易、販售這些作物的種籽。另一個問題也變得同樣急迫：基因序列解碼的專利權爭議。譬如人類基因科學公司（Human

Genome Sciences）發現，有希望作爲抗愛滋藥物的趨化因子受體第五號（CCR5）申請到了專利，現在這家公司可以要求任何想要以此受體來作藥物的實驗室提出交互授權。

・**已開發國家與開發中國家之間潛藏的衝突**：許多新的智慧財產權規範與國際貿易只有間接關係，但仍被塞進WTO的議程，冠上與貿易相關的名字，例如「與貿易有關的智慧財產權協議」（TRIPS, Trade-Related Aspects of Intellectual Property Rights），眞是夠拗口了。對於開發中國家來說，這些規範大部分要到二〇〇五年左右才開始生效，但痛苦已經與日俱增，因爲開發中國家必須克服智慧財產權制度的典型缺失：標準不清；對專利權的強制施行有限；不嚴謹或者根本不存在的版權、商標和商業機密保護；以及不承認製藥產品、農業化學品、生物科技和新農作物的專利權。許多開發中國家的看法是：當全世界都受惠於創新與創造時，開發中國家卻看到自己模倣外國產品與相關科技的能力愈來愈差。開發中國家還害怕要背負雙重的負擔：除了支付國內智慧財產權行政系統所需的龐大經費，還要面對受保護產品的更高價格。這個問題，最近在抗愛滋藥物的定價與授權方面愈演愈烈。抗炭疽藥物的價格也被美國和加拿大緊緊掐著，並且一度威脅說在生物恐怖主義的威嚇之下可以不理會專利權的事。看著這些事態，開發中國家淸楚看見自己的負擔。

這三件事應該可以讓大家很清楚意識到，全球必須快快解決複雜的智慧財產權問題，它太重要也太複雜，不可能交給意見分歧的各國法律自行解決（目前除歐盟以外，沒有哪兩個國家有相同的智慧財產權法）。此事攸關重大，不能當成不相關的國際貿易裡的一環來處理，而且國際貿易就已經夠複雜了。現實情況的發展遠比智慧財產權的法律來得快多了，所以事不宜遲。下一個問題也面臨同樣的迫切情況。

課題十九：電子商務的規範

對於電子商務有兩種想像。一種是想到大起大落的達康（dot-com）近來惹的麻煩，把電子商務看成是目錄郵購的狹義同義詞，是企業對企業間的交易——但不會有什麼前景。另一種是：想像不久的未來，全世界有十億台相連線的電腦；這些電腦不只是構成社群，簡直就是「第七大陸」——一塊沒有時區之別、沒有國界之隔的虛擬大陸，商業交易以一天二十四小時、一星期七天不間斷進行著；這個國度的護照顯示的是你的電腦和網路連線位址，不是你在哪一國出生。

第二種的想像比較接近現實。電子商務從一九九〇年代中期的幾十億美元，到二〇〇一年時飛漲到二千五百億美元的規模；許多人預測，到二〇〇五年時將高達三兆美元左右。有些人預測，電子商務到二〇一〇年時將會占零售市場的一五%至二十%。如果你認爲這太離譜了，那麼請想一想，在美國，光是傳統的目錄郵購就占了零售市場的十%。但目前電子商務的成功之處並非在企業對消費者的零售方面，而是在企業與企業之間——這個部分占了目前電子商務市場的八成。可以發展的空間還非常巨大，特別是美國以外的電子商務市場逐漸成長，占電子商務市場的七成之多。

爲什麼電子商務後市看漲？因爲它儘管初期有許多問題，仍擁有未來將成爲重要現象的巨大優勢：

·電子商務可及於全球市場，沒有空間的限制或者倉儲問題——它能夠輕易凌駕實體世界的商業活動。

·選擇更多，並且更易於比較價格（參照第五章提到的「赤裸經濟」）。

·議價與成交過程的代價都大幅降低。

·可以大量運送，或直接運送到最近的倉庫。

如果這些因素還不夠的話，電子商務還有一項優勢：聚集全世界的玩家——舉例來說，eBay 聚集了全世界的競標者，徹底打垮地區性的跳蚤市場。更有甚者，電子商務可針對消費者的選擇輕鬆整編直接相關的資訊，就像Amazon.com自動提出與你正在查詢的書籍相關的書目，以及包括客服中心等的各項服務。在企業對企業的領域，電子商務可以讓一家公司與其他公司、供應商、甚至消費者形成更密切的合作關係，而且人人在交易的過程中都可以賺錢又行動快捷（參見第四章）。

但電子商務發展過程中會出現一個迫切的全球性問題。電子商務伴隨著電子合約與電子貨幣的使用，絕非傳統世界的全球性規範所能追趕，所以會帶來風險。以下所列舉的，是一些急需世界性的合作來加以解決的問題：

- **稅**：這個問題先前已經討論過，非常複雜又嚴重。
- **各國法律間的衝突**：在沒有國界的「第七大陸」與各國法律的管轄範圍之間，電子商務帶來的衝突沒有斷過（是規模更大的衝突裡的一環，參見第七章）。世界各地的人可以從網際網路上的任何地方購買東西、與網路上任何地方而來的人互動。但是，丹麥明令禁止針對兒童做廣告，法國禁止以英文做廣告，德國則禁止比較性的廣告。有個著名的案例是，雅虎網站在法國被控告在網站上展示並且販售納粹紀念品——但結果某位美國聯邦法官判決雅虎網站可以不理會法國法庭的判決。

・備受爭議的判決：有些歐盟國家認爲，消費者在線上交易出現爭端時，應該有權選擇由本國的司法判決，而非由供應商所屬國家的司法判決；但其他國家對此並不認同。有兩種方式可以解決這種對峙。技術性的解決辦法如過濾並追蹤使用者的IP位址，能夠幫助各國行使其法律，但問題還是在。然後還有另一個方案，也是電子商務苦苦追求而不可得的「聖杯」：有這麼一個系統（現在不存在，也可能永遠不會存在），其使用者擁有一個說明了年齡、性別、國籍、稅籍地、專業證明的固定電子身分——這系統甚至可以幫助各國更有系統地開疆拓土。要是找不到可行的技術解決方案，各國就必須儘快一起坐下來統合各國在廣告、虛擬主機或司法爭議方面的法律，清理這混亂的場面。

・建立電子商務中的信賴關係：各國最好及早共同處理相關問題，例如是電子簽章與認證、電子紀錄的保存規範、在什麼樣的共識上建立規範、電子版權的規範、電子商務中保護消費者的基本準則，以及非常重要的資料隱私權、資料傳輸，以及加密的規範。既然電子商務還在發展初期，所以各國眞的應該共同來建立法規，以免情況愈來愈糟：舉例來說，光是在美國，差不多有四十州有自己的電子簽章規範。由此可以推想，全世界大約一百九十個國家假如各有各的單行法規，這會使第七大陸上的生活變得非常複雜。

・保護人民、企業、社會免受網路犯罪之害：與網際網路相關的問題——非法入侵、信用卡詐騙、以及病毒等——很可能會阻礙電子商務的發展，全世界必須及早採取果斷的行動來處理這些問題。在這個領域裡，濫用科技的能力遠遠高於國家保護人民的能力。特別令人憂慮的有兩種：一是密碼演算法（cryptography），這是一些商業化的系統，它們無法破解，也不留任何「後門」給政府的安全相關部門；另一是資訊隱藏技術（steganography），這種技術可以讓資料、訊息、圖片隱藏在看起來很正常的網路圖片中，因此幾乎無法偵測（蓋達組織的間諜似乎已採用此項技術）。

我們很難在簡短的篇幅中完整呈現各種複雜的電子商務問題。重點在於，在電子商務發展初期就必須儘快解決這個迫切的全球問題。已經有人嘗試解決，但不是在全球規模的層次上——從OECD到較不爲人熟知、有四十個會員國的歐洲議會（Council of Europe），以及一些小型的區域組織。各國都還沒有充分了解這個領域的問題，繼續在通過各種會與他國造成衝突的法案。

課題二十：國際勞工與移民規範

這個議題，正位在第一部討論過的兩股巨大力量的匯流之處。新世界經濟的威力使然，各國經濟體需要更關注勞工規範的問題，因爲國家經濟體之間的互動愈來愈密切。而人口力量則帶來一連串的移民相關問題。很難想像二十年後的世界還沒有某種全球勞工市場的規範——因爲這樣的市場儼然成形。

勞工規範的相關問題，由來已久，而且不斷有變化。由來已久，因爲歷史最悠久的國際組織之一——國際勞工組織（ILO, International Labor Organization）早在一九一九年便已成立。不斷變化，因爲工作方式翻新，獨立工作的成長空間比受薪工作更大，而工會的力量衰落。

・**核心的勞工權利**：一九九八年的一項宣言，受到許多國家的支持，強化了四項既存的「核心勞動標準」（core labor standards）：禁止奴役性、囚禁性的勞動，禁止強迫牢犯工作；禁止任何理由的勞動場所歧視；禁止最低年齡以下與其他條件下的童工，特別禁止雛妓、買賣與交易兒童、童兵等形式；確保勞工的結社自由及與資方談判的權利。

現在的挑戰不再是這些標準是否令人滿意或如何定義這些標準，而是如何讓全世界都執行。

・更廣泛的勞工權利：以二十一世紀的角度來說，這些權利包括健康、安全、最低工作條件、有使用社會安全網的機會、解決爭議的系統，以及在新世界經濟中數量快速成長的非受薪勞工的勞動權利。

・合理的工作：有些新觀念不再只看消極性的勞動權利，而是強調更大更平等的工作機會。其中有些想法提到「經濟創制權」，並認爲在制定足以導致社會重大變革的政策與制度時，勞工與工會應該有更多參與的機會。有些論點認爲，創造就業機會的能力，在世界各地都應該是重要的生活指標。合理的工作還有一項重點：開發中國家想要減緩貧窮就得有正確方向的經濟成長，也就是要讓窮人能夠充分利用他們最重要的資產——勞動力。

・工作的新形態：世界各地有愈來愈多人從事「複合式工作」（portfolio work），同時爲許多個雇主工作。他們以電子方式遠距工作（在美國已有約三千萬人這麼做了），也需要終生學習，提升自我，他們必須有能力在不同的退休金制度之間調整。從傳統而地區性的勞動空間轉換爲全球性的勞動空間，必須伴隨若干新的世界性指標（其中一項指標是跨國界的認證系統，參見第十三章）。

上述的問題中，全球性思考比較擅長處理第一個問題，但說到要建立後三個領域的規範時就愈來愈不行了。對於第一個問題提到的四項核心勞動標準，國際間都有足夠的決心要做到：即使像緬甸，過去雖然縱容強迫性勞動與童工，現在也已經屈服於這些勞動標準的壓力。這四項標準也促使各個跨國企業遵循著七百條左右的自發性的行爲規範。

然而，制定核心勞動標準的成功並沒有讓全世界針對另外三個問題也得到同樣乾脆俐落的思考。這裡也跟電子商務和生物科技的情況一樣，事態的發展在前，全世界卻還沒有能力製作一套起碼有用的、有助益的、一致性的規範。相反地，在這件勞動規範的事上，近來企圖要把勞動標準連結到貿易規範的構想挨了一記悶棍——開發中國家馬上可以看出，富裕國家藉此將開發中國家的產品擋在市場外。

移民規範可能處於更糟糕的變動狀態。《文明衝突與世界秩序的重建》（*The Clash of Civilizations*）的作者杭廷頓（Samuel Huntington）認爲，移民是我們這個時代最主要的問題。如第二章中所說，未來二十年，富裕國家面臨人口老化與人口快速衰減的問題，開發中國家則要在急劇的人口壓力和貧窮問題中掙扎。占全世界新增人口九五％的開發中國家，憂慮著無法創造出足夠的工作機會；而富裕國家則擔心勤奮的勞工太少，不足以支撐漸增的受扶養的老年人口。要是沒有移民的話，全世界出生率最低國家之一的義大利，人口在本世紀前半就會從五千八百萬掉到四千萬。到二〇二〇年，德國光是要維持生產力每年就需要一百萬名就業年齡的移民。

現在有更多的政府領導人知道，運用某種全球性的規範，從貧窮國家適度移民到富裕國家，可以解決上述兩大問題。德國本就採用一種特別簽證給資訊科技勞工使用，現在更超越這種制度，鼓勵這些移民永久居留。英國也在修改移民法。西班牙也從拉丁美洲尋求大規模的移民，以達到人口平衡。

但這些初步的措施不足以應付全球移民問題的迫切壓力。問題在於，國際間是否能夠儘早形成某種移民規範的共識。或者要在傷害造成後才慌慌張張處理移民法規。從以下的幾條線索可以清楚看出這些問題：

・**人口走私與交易**：這是個迅速成長、高度受黑社會控制的現象。一年大約有五百萬名被走私交易的人口，營利在一百億美元左右；它也是國際犯罪活動中成長最快的領域之一。對此，我們需要全球性的規範，因爲人口交易不只加重了貧窮困苦，也使得合法移民更受限制，譬如美國與歐洲的合法移民人數在過去五年間下降了二五至三十％。對此，我們需要全球性的規範，因爲國際間的合作不足、簽證與邊境控管不力、約束力不夠嚴厲、以及不時可見的貪污等原因，使得告發的風險保持在一定程度以下。這是非常迫切的全球性問題——這類不光彩的人性悲劇幾乎每週都會上演。

・**政治庇護的規範**：庇護規範較開放的國家，最後會產生相當大的負擔——這顯示了我們需要一套更進一步的全球標準。

・**移民規範**：接受移民的國家，從一九七〇年的四十個到今天增加到七十個；提供移民的國家則從三十個增加到五十五個。有十五個國家既有人口外移也接受移民遷入。全球性的勞動市場正在成形，但是各國的自由化範圍只限於貿易與投資活動，而未包含移民項目。事實上，移民法變得混亂又嚴苛，除了造成人口交易之外，幾乎沒有什麼成效。對於人口移出國家要如何減低人口外流壓力並沒有相應的做法——令人想起一九九〇年以來，富裕國家援外經費的縮減。我們眞正需要的是全球的共同合作，排定積極的移民問題議程，讓人口外移與接受移民的國家能夠雙贏，並且改變目前爲止關於移民問題盡屬負面的爭議。

・人才外流問題：有些國家藉由輸出工程師與科學家而得利——這在印度幾乎成了國營企業。但是牙買加要培養出五個以上的博士才能有一個留在國內。在波札那，十五至四十九歲性行爲活躍的人口中有三八％飽受愛滋病威脅，每年卻有數百位護士爲了優渥薪水而到英國工作。這裡很需要某種全球性的省思，包括稅制的問題。從人權的角度來說，課徵人才外流稅與移民稅是令人質疑的做法，然而，訴諸美式屬人主義的所得稅制，至少能夠幫助這些國家在人才外移之後，多少回收一些教育這些人才所投入的教育經費。

勞工與移民問題和其他十九個問題一樣，帶來了一個重要的訊息：世界變得愈來愈小，牽一髮動全身，而且愈來愈複雜。各種全球課題益發引人注目——沒有哪個問題可以長久置之不理。

第三部

放聲思考——全球課題的解決方案

15 百廢待舉

本書提出的這二十個本質上屬全球性的課題，既不是最終的清單，也不盡全面。譬如我就刻意不列入國防導向的安全問題——像是生物武器、化學武器、核子武器以及小型軍火交易；出現在我這份清單上的不是那類比較傳統的安全問題，而是例如防範衝突與恐怖主義。但假如要全面羅列，即使是傳統的安全問題也應該列進來。

還有其他問題或許也該列在清單上：最嚴重的污染物，核子安全與擴散，或許還應包括永續能源與永續農業這對孿生問題。關於最後這兩個問題，我遲疑了相當久，但後來沒有列入，因爲這兩個問題既有的全球性層面已經涵蓋在名單上的其他問題中了——像是全球暖化與貧窮問題。飢餓比起食物來說更是個問題，而且緊緊與貧窮問題相連結。地球的能源在相當時日之內還不至於耗盡，但是使用量增大對環境造成的後果是我們應該憂慮的，因此我把全球暖化問題列在清單之首。

最後，還有像國際犯罪、危害人類罪行，以及更普遍地追求新而廣義的人權概念等等問題。這些問題形成第四個範疇，關於促成相同的價值觀。

無論如何我首先要承認，本書概述的議題清單可以引起爭議，也應該有爭議。或許其中只有十五個左右是眞正的全球課題，而有些問題並不該列入其中。或許很可能總共應該有二十五個左右的問題，而應該包含前述的第四個範疇。順便一提，很少有人討論到如何將這些問題進行分類——這是個警訊，因爲這樣的知識眞空可能本身就是個障礙，妨礙了我們對處理全球問題的新模型與新方法的設計。

但那並不是重點。重點是所有我羅列的問題，都有些共同的重要特性：

・這些問題都是**全球性的**。有些問題的嚴重性大到可以毀掉我們共同的未來；如果不妥善處理，將會對世界各國之間的關係造成重大的複雜影響。

・這些問題都是**迫切的**。其中許多問題每晚一年面對和處理，就會造成幾年的延遲效應——請回想「**狗紀年**」的七倍效應。處理這些問題需要專注而縝密的行動——好比改變油輪的航線或是使一列火車減速。正因如此，這些問題必須在未來二十年之內加以解決或得到適當的處理，而不是拖到三、四十年之後再說。

・在全盤的計畫下，解決這些問題的花費並沒有那麼沈重。請記住，全球暖化可以用低於全球生產毛額一%的數目處理；用多少援助就能讓漁場得到保護與強化；改變了做法的話，對抗貧窮的援助款項可以得到三倍的成效；可以更有系統地避免武裝衝突。更重要的是，解決全球問題所需的花費，遠低於長時間不去處理這些問題所要付出的代價。

・這些問題都很不容易解決。我們得承認，有些問題特別棘手，有些問題則是在政治面上很難克服。那些最困難的問題，其解決之道可能會產生全球大贏而地方大輸的局面；有些解決方式在短期內要付出巨額支出，但是要經過非常久的時間才看得出好處——在這個意義上，溫室氣體排放（全球暖化）很明顯是比電子商務的規範更難解決。而同時，有些問題是技術上比較難以解決的，尤以重新思考稅制與解決智慧財產權的問題最爲棘手。但這份清單上沒有哪個問題是簡單的，不論從政治面或技術面來說都是如此——但臭氧層的破壞可能是極少數比較容易解決的問題，所以它沒有出現在這份清單上。

・最後，儘管或多或少有些進展，但目前的國際結構並未能明確而果斷地處理任何一個問題。我們很快就可以看到原因何在。

這二十個迫切的問題大體上已逐漸喚起全球的焦慮——可以確定的是，在未來的二十年，這股焦慮會更見升高。

就這些問題來說，異議人士比政府更能看到問題的危險性——儘管他們總是以阻撓的姿態來表達立場，而且焦點集中在貿易而非其他問題。他們說，這些問題都沒有由一個可以主導方向的組織來帶領處理；此話確實有理。反對者的行動也超前政府，儘管他們同樣也缺乏解決的概念。公民全球貿易觀察組織（Public Citizens' Global Trade Watch）的負責人、一九九九年西雅圖WTO抗議活動領導人之一的華萊士（Lori Wallach）說：「一方面要政府責起民主責任，一方面又要有強制性的國際標準，兩者如何兼顧？我認爲我們要嘛就是遵守國際性的規範，要不就自己來了。就是這樣。」

16 現行體制力有未逮

許多世界性議題的複雜性，以及這些問題不宥於邊界的特點，並不適合由理應解決這些問題的民族國家來做，因爲民族國家是一種領土性、階層化的制度。民族國家也了解這種情況，在過去總是試著以條約與協定的方式來回應問題。近來民族國家超越了舊做法，創造出三種更複雜的新玩意兒：大型的政府間會議、七大工業國集團，以及我稱爲「全球性多邊關係」的四十來個國際組織。這四大類國際性的解決機制分述如後。但它們都無法認眞而主動地處理，並且快速地行動。

一、條約與協定

在處理雙邊國家之間或是區域性的問題時，條約與協定頗富成效，但在面對世界性議題上則會造成非常混亂的後果。此外，在制定全球性條約與批准核可過程中的繁瑣形式與緩慢速度，根本緩不濟急；而且有許多問題根本不適合制定條約。

對於第一個範疇的世界議題——環境問題，或謂全球公共資源的問題——來說，某些條約已產生些許成效，但有很多條約根本還未被批准認可，包括京都議定書。有些則是因為各國堅持一己立場而形同擱置，像是早在二〇〇一年十二月就已生效的聯合國海洋魚類管理條約，在前二十大漁業國中竟有十五個國家遲遲不肯簽署。不僅如此，有許多條約和協定雖然已經被批准認可了，卻未得到各國的堅定承諾，不然就是有氣無力虛應故事而已。尤其許多環保條約載明要設置的所謂祕書處，不是根本不存在就是存在了但缺乏資金，更別說有強制執行的權力了。而且有些關鍵環節在開始處理時就不夠謹慎，或是因過於草率而告失敗——京都議定書的慘痛教訓並不是唯一的案例。大體來說，第一個範疇裡的世界議題，不是進展不夠就是根本毫無進展，對照最近四十年來有關環保的條約和協定有兩百四十份左右的事實來看——條約與協定究竟能發揮多少實際效益由此可見。

第二個範疇的世界性議題——非常迫切龐雜而亟需全球的承諾與合作去解決——則和第一個範疇相反，幾乎沒有任何條約或協定來加以規範。條約不是沒有，但大部分都有明顯的疏漏。而有些說要負擔起來的承諾——像是富裕國家在七〇年代答應要提供〇．七%的國內生產毛額援助貧窮國家的誓言——仍停留在研究中的擱置狀態。有些已經產生協議的，多半停留在尚未批准認可的階段——二〇〇一年九月十一日的早晨之後，全世界的人才明白有十二項關於恐怖主義的協定仍被擱置著。

而在第三個範疇之中——需要制定某種全球性規範的世界性議題——有一半的問題根本還未獲得國際性的承諾。有些議題已經由條約和協定處理了其中一部分，但受到政治上的阻力影響，所以有時進展出奇緩慢——有些勞工權利協定簽署已經超過二十年，但各國仍未批准認可。大體上來說，第三個範疇裡的問題，大部分都是因為「改變」而觸發的，而且是**快速的改變**，例如：電子商務、生物科技、稅制系統的某一環突然廢除、合成毒品飛快進展、智慧財產權的複雜挑戰、全球金融架構，以及移民問題帶來的新壓力與需求等。這些議題中有些是屬於二十一世紀的領域，似乎不是停留在十九世紀的制定條約的方法論所能應付。

近來兩個現象可能會使條約與協定更不易解決全球課題。其中之一是，美國小布希政府不喜歡包括了京都議定書在內的若干條約——因為這些條約需要經過國會批准認可的程序。舉例來說，美國政府拒絕同意一項已經簽訂了三十年的生物武器條約的修訂案，而希望能改成政府可以在沒有國會同意的情況下就直接行動。

其次，各國為了達到社會大眾某種程度的整體共識，於是想盡辦法拖延，或者淡化處理條約裡的文字，這造成了低品質的條文，把負擔轉移到其後更細節的協商。杜哈宣言就有兩個「兩階段」的例子，用一種折磨人而閃爍其詞的方式來處理農業補貼的條文。在歐盟的尼斯高峰會（參見第十七章）上所達成的共識，留下許多需要後來再澄清的細節；因爲在某幾個重點沒有人確定到底哪些事項被同意了。在摩洛哥的馬拉喀什對京都議定書增訂細節時，對於違反排放量規定的國家是要用法令加以處罰，或者只執行政治制裁，就留下了不確定的空間。

今日的世界性議題非常急迫，

現行的國際組織在解決本質上的全球性問題（IGIs）上顯得力有未逮……

- **條約與協定**
  對於迫切的全球課題來說緩不濟急
- **政府間會議**
  缺乏後續發展的機制
- **G7，G8或類似的國家集團**
  四種侷限：
  1. 程序
  2. 排他性
  3. 專業知識
  4. 距離感
- **全球性的多邊組織**
  無法獨力處理本質上的全球性問題

圖16-1 現行的國際組織

但以上這兩個現象，預示了前景並不看好。有鑒於條約制定的侷限性與緩慢，其他三種國際體系——政府間會議、七大工業國式的集團組織、全球性的多邊組織——在二十世紀後半葉站了出來。但若深入審視，發現這三種國際組織也都無法獨力處理這二十項全球課題，以及這二十年的挑戰。

二、大型的政府間會議

過去三十年來，聯合國爲了維持大型會議的進展，多次發動了英雄式的後衛戰——每次針對一項具有全球重要性的特殊主題，各國都參加了，每位領袖通常只有五分鐘的時間發表聲明。這些會議差不多爲期一週，通常事先會草擬會議宣言，並在會議最後發表。這些會議通常是以召開地點的城市來命名，例如里約和京都的環境會議，哥本哈根和日內瓦的社會議題會議，以及開羅的人口會議等。

但這些不時舉辦的大型會議有一些爲人熟知的缺點：流於形式、宣言太過冗長，而且缺乏後續發展的機制——會議結論通常是五年之後再來討論該項議題。（京都會議就是在里約會議五年後召開，而在里約會議十年後的二〇〇二年，又在約翰尼斯堡再次舉行後續會議。）在這些重覆性的事件之前，通常會先上演搶位與互相責難的戲碼，活生生地展現出這些會議的侷限性。大體來說，這些會議很能夠引起大衆對於世界性議題的注意，但對於解決問題卻沒什麼效果。而且近來這些會議頗有惡質化的傾向：二〇〇一年九月在南非德班（Durban）舉行的反種族主義會議最後變成一團混亂，會後又多花了四個月才對一組決定性的文件達成共識。

三、七大工業國與類似的國家集團

七〇年代中期，美、英、法、德、日等國聚會討論「國內社會與國際社群共同面臨的重大經濟與政治議題」。稍後加拿大與義大利也加入成爲「七大工業國」（G7）。這個團體授予自身很大的權限，用很強的定義權來動員其會員國採取行動。看看最近幾年來七大工業國的成績：呼籲解除貧窮國家債務、對抗金融庇護所，以及解決科索伏危機❶

❶編按：科索伏危機（或稱科索伏戰爭、科索伏衝突），前南斯拉夫共和國境內南部的塞爾維亞（Serbia）的科索伏省的兩次武裝衝突。第一次是一九九六至九九年間，阿爾巴尼亞分離主義者與塞爾維亞、南斯拉夫的武裝部隊之間的游擊衝突；第二次是一九九九年三月至六月間，南斯拉夫和北大西洋公約組織之間的戰爭。

等。

但七大工業國在八〇年代認知到其權限範圍太廣泛、太鬆散，於是開始另外組成一些部會式的論壇、任務編組和工作團隊。俄羅斯在九〇年代被拉進來成爲八大工業國（G8）。一九九九年又創立了一個專門的分支：G20，這次是拉入其他的新興經濟體（如中國、印度、墨西哥、土耳其、巴西等），以因應全球的金融危機。

就某方面來說，G7和類似國家集團已經有所進展，但還是有其侷限：

・限制之一：程序。

相對於各國政府在一九四四年創立世界銀行與國際貨幣基金組織的作法，七大工業國的開創任務編組、工作團隊、公報及其他文件等行動，幾乎都只能因應已經具體成形的問題。

一九四四年在新罕布夏州召開的布雷頓森林（Bretton Woods）會議，催生了世界銀行與國際貨幣基金這兩個機構，納入了四十四個富裕與貧窮國家的代表——被凱因斯這樣的懷疑論者說成是「多年來僅見的最荒謬猴子籠」。

但是那次會議中的腦力激盪堪稱富有遠見且又眞誠，而且還頗花了一些時日——會議先在布雷頓森林小鎮裡召開了十四天，然後又在新澤西州的大西洋城（Atlantic City）與其他地方舉行後續會議。會議中可說是群賢畢至，包括凱因斯、懷特（Harry White）、伯恩斯坦（Edward Bernstein）、哈羅德（Roy Harrod）、法蘭西（Pierre Mendes France）。儘管當時二次大戰還沒結束，但是聚集在布雷頓森林的智者們就已感受到全球迫切需要穩定的國際局勢、世界秩序和恢復正常狀態，因此他們在還不十分了解問題內容的情況下就找出解決辦法了。他們創造出一種能力，可以在問題未成形之前就處理它。

七大工業國與其衍生單位另有強項——不過並不是這種解決問題的能耐。在高峰會之前數個月，各國的G8代表官員就在本國政府與G8大會之前擔任協調工作，字斟句酌商談公報草稿，但是到了高峰會會期時卻排滿了社交活動與拍照的行程，沒剩多少時間進行有用的腦力激盪。在此意義上，七大工業國早已變質：七〇年代的初期高峰會是領導人之間深入的對談與互動，但是近來的高峰會已變成好幾千個政府官員的大拜拜。二〇〇一年七月遭異議人士聚集抗議的熱內亞高峰會，花費超過美金一億元，但關於世界經濟的關鍵討論竟然只為時九十分鐘。

・限制之二：排他性。

這是難以補救的弊端。據報導，中國拒絕加入二〇〇〇年夏天的七大工業國沖繩高峰會，而G20的排他性也很嚴重。七大工業國說，G20創立的目的是用來「在系統性的重要經濟體之間，擴大對於關鍵經濟與金融政策的對話」，所以納入了巴西、沙烏地阿拉伯等國。但G20排除了瑞士和荷蘭，可想而知，這兩國會覺得被排除在外，特別因爲G20正是在處理危機預防與全球金融架構的議題。而貧窮國家也覺得受到這些國家集團的冷落，乾脆自求多福，譬如組成G77❷。不論凱因斯有什麼樣的疑慮，這些國家集團應該要像布雷頓森林會議一樣廣納雅言。

・限制之三：專業知識。

大多數重大的世界性議題都非常複雜，因此各國與會官員必須具備公民社會和商業

---

❷編按：G77（the Group of 77），是由七十七個開發中國家於一九六四年六月十五日所創立的組織，時值在日內瓦舉辦的聯合國貿易暨發展會議（United Nations Conference on Trade and Development）。G77的目的在於提供各開發中國家經濟與科技上的協助，整合各國的力量，提升經濟實力。

的專業知識（參見第七章）。七大工業國仍不知如何尋求其他部門的協助：作為主席國的義大利曾勇於嘗試在熱內亞高峰會的準備期中聽取公民社會組織的建言，但無甚成效。

・限制之四：距離感。

大部分的民衆覺得，和這些國家團體的官員之間的關係距離非常遙遠，彼此完全沒有對話交流；這種現象在熱內亞高峰會時特別明顯。自此以後大部分的深切反省都與此有關。

四、全球性的多邊組織

全球性的多邊組織，指的是獲得全球授權的國際性組織，會員國幾乎涵蓋了所有國家。這些全球性的多邊組織，包括聯合國的下屬機構與計畫（約有四十個，像是聯合國發展計畫、國際勞工組織、聯合國難民事務高級專員公署等）、世界銀行與國際貨幣基金（通常會被合稱為布雷頓森林機構，以及世界貿易組織。也可以把經濟合作暨發展組織列進來——這個組織包括三十來個最富裕的會員國，姿態儼然一個全球性多邊組織一樣（雖然嚴格來說並不算是）。

全球性多邊組織的成立，就是戰後世界秩序的一部分，頗有能力提出貢獻——主要是因爲數十年來累積的世界各地的運作經驗，使它們形成了擁有專門知識的獨特智庫。但，全球性多邊組織所扮演的角色，以及這些組織與其擁有者和監督者——全世界一百九十多個國家——之間的關係，使得它們無法扮演解決世界性議題的中心角色。這些組織本身不能直接去解決瀰漫在組織擁有者之間的各種緊張關係與分歧意見。

更麻煩的是，大多數人都太高估全球性多邊組織實際擁有的權力了。這些組織的財力通常都非常薄弱（世界貿易組織的年度預算不到八千萬美元），而且幾乎都嚴重超過限度了。近來，這些組織深受士氣低落之苦。

這些機構經常承受譏嘲與批評，日益衰頹，特別是全球複雜性與世界性議題日益受到關注之時：在不知道該責怪誰的時候，全球性多邊組織就成爲衆矢之的。而當這些組織飽受攻擊時，各國常有袖手旁觀的態度，無異使混亂局面雪上加霜——雖然說治理這些組織的正是這些國家。這些組織的正當性遭到質疑，部分原因是它們的眞實角色與責任不太爲人所知。因此，不論哪個全球多邊組織想以核心角色的姿態來解決任何一項全球課題，都註定會失敗。

總而言之，現有的四種國際體制，在面對這二十個世界問題與二十年的挑戰時，沒有一個看起來有可爲。並不是說它們就沒有做好事，重點是它們的原始功能本來就不在於解決未來二十年劇烈變化下的二十個迫切問題。

另一條可能的出路是世界政府（world government）。但世界政府的概念爲何無法奏效？這很值得探討——因爲這樣的分析將會指出另一種可能性。

17 世界政府不可行

歐盟面臨的難題說明了世界政府的概念爲什麼不可行。歐盟儘管有重大的成就，但在要邁向擴大規模、廣納更多國家的複雜階段時，有關政治認同與結構的難題就浮上檯面了。繼狄洛（Jacques Delors）、季斯卡（Valéry Giscard d'Estaing）、施密特（Helmut Schmidt）等人的議案之後，德國外交部長費雪（Joschka Fischer）於二〇〇〇年再提出一份包含一部憲法、雙國會、一個行政首長，並附帶某種「補充」原則的歐洲聯邦議案，讓歐盟各國可以各自保持完整性。這項提案引發了一場重大的論辯，迄今未休。

這種聯邦的構想很吸引人——我相信這對歐洲來說是必要的——但這樣的願景仍然面臨巨大的挑戰：

・歐盟一開始有十五個國家，接著可能是二十五個，最後可能是二十八個或者更多的會員國，會使這些國家在新結構裡的影響力與代表性的課題愈越複雜。

・即使有普選權，人民與新行政首長之間無可跨越的距離，會加深歐盟會員國的人民與歐盟總部布魯塞爾之間原有的鴻溝。

・可能會引發「國家競合遊戲」(nationality games)——各會員國都會試圖把自己的國家推向關鍵性的領導地位。

・在新系統的頂端聚集了太多議題——但這頂端可能早就被各種問題淹沒，包括經常需要在各國官僚體系與各民族國家的自我意識之間仲裁調停。

歐盟面臨的兩難預示了想在未來二十年內達成世界政府的目標有多困難。而世界政府則會有將近一百九十個會員國。目

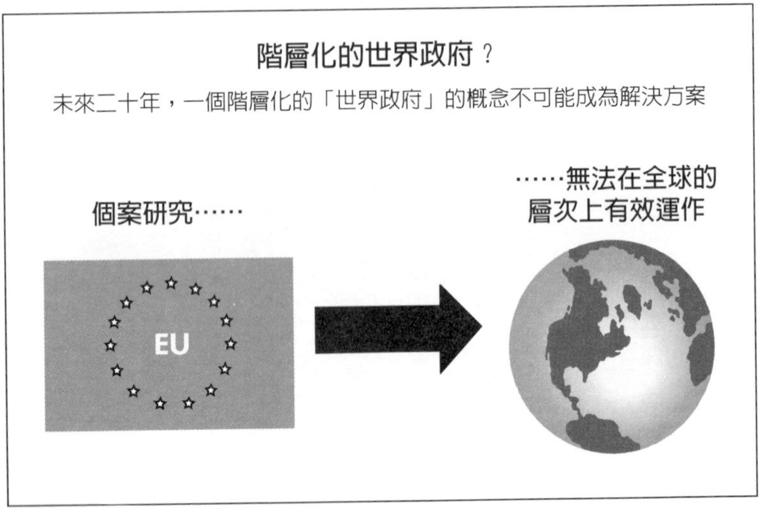
階層化的世界政府？
未來二十年，一個階層化的「世界政府」的概念不可能成為解決方案
個案研究……
EU
……無法在全球的
層次上有效運作

圖17-1 階層化的世界政府？

前只有十五會員國的歐盟都未能建立盡如人意的大國—小國的協調模式。從二〇〇〇年十二月在尼斯高峰會上對於投票規則的不愉快爭議，可以想見這類事情若放大到全世界的層次上會有多難解決——世界政府會有將近一百九十個會員國。根據似乎言之成理的經驗法則，我們可以預見調停的複雜度會隨著會員國數目的平方值而成長，這些會員國的利害關係人和人民遭到敷衍的可能性也隨之成長。法國第五共和總統戴高樂（De Gaulle）把聯合國叫做「那個玩意兒」，你可以猜到，世界政府很快會變成「那個大玩意兒」。

再看看正當性與公民認同的問題。歐盟的十五個會員國有相近的歷史背景、社會政治結構和雄心抱負，其正當性與公民認同都成爲一大問題了，作爲世界政府下的「世界公民」又會如何呢？

然而，我們沒有足夠的時間去找出答案。歐洲有比較多的時間——歐洲已經花了五十年的時間處理歐盟的組成結構問題，而且還可以再花數十年。但是以全世界來說可就沒那麼多時間了——必須要在未來二十年內解決迫在眉睫的全球課題。

18 網絡治理

前述的困難暗示了另一種不同的概念，可以加速解決重大的世界性議題。這個概念有兩項需求。

首先，**複雜性與階層性要降到最低**，如此會產生幾種效應；其一是，每一個世界性議題都應該有針對該議題的解決辦法；將全球性問題的挑戰個別來處理，才會達到科學家所說的「分散式智慧」（distributed intelligence）的成效。此外，參與解決世界性議題的人士應該具有豐富的相關知識，才不致流於形式，並儘量減少不適任的弊病。最後，解決方案的架構應該是開放的——而不該拉開與民衆之間的距離，或是把「局外人」的提案阻擋在外的封閉組織。如果民衆想對於即將發生的問題提出貢獻，他們必須能夠參與討論，而且民衆的意見應該要被聽取。

其次，**啓動與傳達的速度應該加快**。迫在眉睫的世界性議題無法再等候協商、擬條約，也沒辦法再等個幾十年，直到這些條約達到法定人數才正式批准生效——看看全球暖化與全世界漁場的問題，在未來十年中是不是還在原地打轉吧。因此，在非常緩慢的公共領域裡的全球性立法並不是解決問題之道，而應該在另一個更快速、可以產生準則與名聲效應的空間（稍後會再繼續討論）中運作。而且這些解決方案必須利用既有的體制、政府專家、知識與立法權力，並且充分利用既有的多邊組織，因爲我們已經沒有時間再去建立許多新制度了。

以上這兩項需求，要求全球性的事務要從傳統階級式的政府過渡到看起來更像是「網絡治理」的方式。

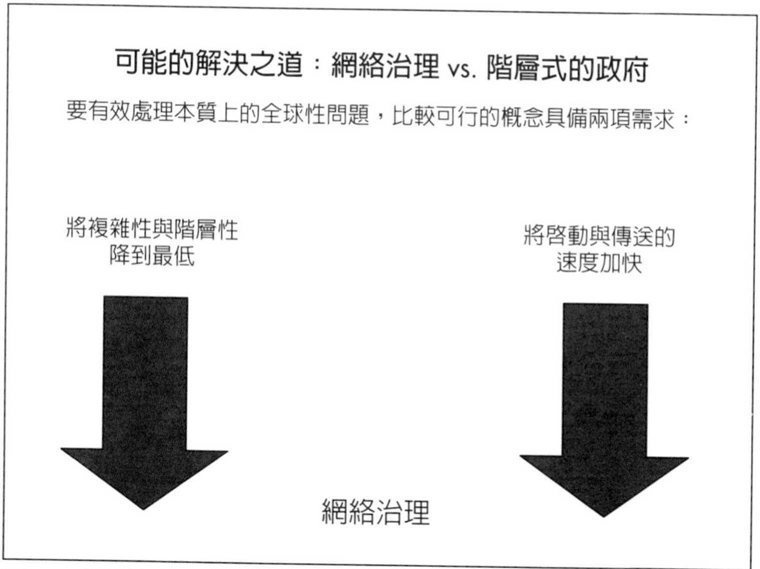
可能的解決之道：網絡治理 vs. 階層式的政府
要有效處理本質上的全球性問題，比較可行的概念具備兩項需求：
將複雜性與階層性降到最低
將啓動與傳送的速度加快
網絡治理

圖18-1 網絡治理 vs. 階層式的政府

19 建構世界議題網

好幾個全球課題解決方案的概念都符合上述兩項前提，也符合網絡治理的想法，而網絡治理的概念正是出自這兩項前提。其中一項方案是要建立世界議題網（global issues networks），讓每一個網絡專門處理二十項世界議題中的其中一項，以此創造出一個新型的公共空間。因此會有二十個左右的世界議題網。

世界議題網會是什麼模樣？與其把仍在醞釀階段的概念予以理論化，不如去設想這樣的網絡如何處理世界性議題。想像力在這個階段比理論更重要。

一個世界議題網的成形，會歷經三個階段：

- **構成階段**：網絡開始召集與運作的時候。
- **制定準則標準階段**：開始審慎評估各種選項與不同方案。
- **實行階段**：網絡在此階段會扮演評價的角色，並藉由名聲效應，擴大網絡準則的影響力。

各個網絡都應該是長期經營，而非走走停停。一開始的會員人數也許有限，但應該會隨著不同階段的進展而增加。一個可以持續數十年的網絡，也應該要能夠在這個過程中常保活力。

階段一：構成

構成階段（參見圖19-1）會歷時一年左右，這令人回想起第十六章提到的布雷頓森林會議。有了一個發起活動，構成階段就開始了。發起活動可能出自政府間會議——或者爲了不

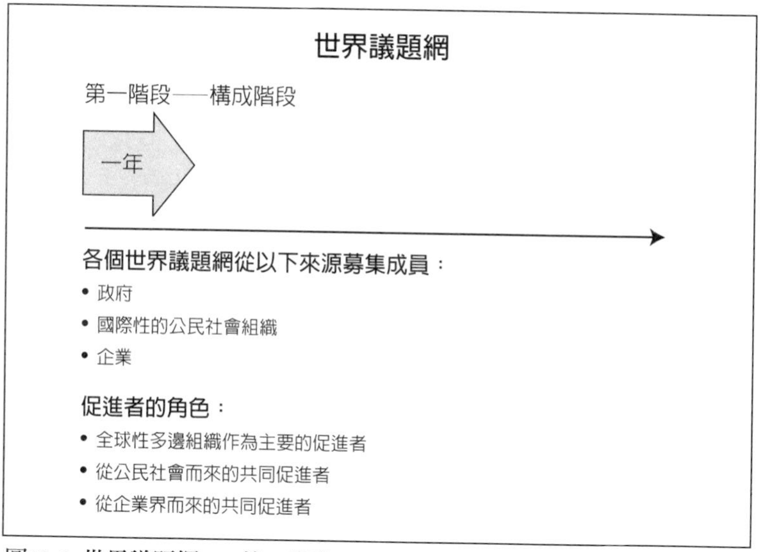
世界議題網
第一階段——構成階段
一年
各個世界議題網從以下來源募集成員：
• 政府
• 國際性的公民社會組織
• 企業
促進者的角色：
• 全球性多邊組織作為主要的促進者
• 從公民社會而來的共同促進者
• 從企業界而來的共同促進者

圖19-1 世界議題網——第一階段

浪費時間，應由一個專注於此一議題的全球性多邊組織召開的正式會議來發起。而它要相當於聯合國的一個下屬機構，只扮演促進者的角色，而不是問題解決者。

與全球性多邊組織相關的發起活動，都應該從以下三種合作夥伴中募集人才：

・若干已開發或未開發國家的**政府**。他們特別關注，或處理該項議題特別有經驗，並且願意派遣最具相關知識的官員來長期貢獻。各國政府的影響力，並不由國內生產毛額的高低來判定，端視它們對此項議題的專業程度。

・國際性的**公民社會組織**。最好是公民社會組織網。公民社會組織能夠提供關於某項議題的深度知識，並且在初期階段就能代表公民社會的其他成員。

・具備相關知識的**企業**。能在初期階段就代表其他企業發言，且能提供資深企業領導人對此付出。

更精確來說，各個議題網是由三個促進者來帶動：居領導地位的全球性多邊組織、從這個網絡的公民社會成員中挑選出的代表，以及從相關企業選出的代表。這些人一起挑選並動員初期的成員（這是一項需要高度技巧的任務）、召集初期會議、募集資金，並架構知識基礎。他們作爲促進者，就像網路世界的開放源碼計畫❶（open-source project）

的核心角色，要建立並保持開放的視野，這就需要長期的付出。

各個網絡在構成階段的關鍵任務，是要通過並制定各自的行爲規章（部分要素稍後會再詳細討論）。各個網絡也會和其他世界議題網相連結，共同分享如何組織、如何運作、如何溝通的最佳實務範例。

階段二、制定準則

當網絡組織進入這個階段時（參見圖19-2），會員

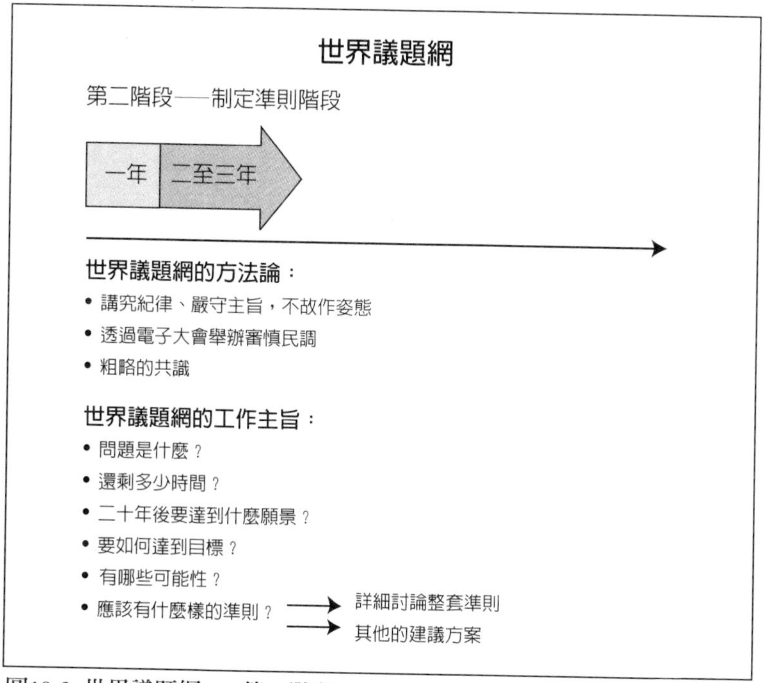
世界議題網
第二階段——制定準則階段
一年
二至三年
世界議題網的方法論：
• 講究紀律、嚴守主旨，不故作姿態
• 透過電子大會舉辦審慎民調
• 粗略的共識
世界議題網的工作主旨：
• 問題是什麼？
• 還剩多少時間？
• 二十年後要達到什麼願景？
• 要如何達到目標？
• 有哪些可能性？
• 應該有什麼樣的準則？
詳細討論整套準則
其他的建議方案

圖19-2 世界議題網——第二階段

人數會增加，並且開始進行標準、政策建議的制定工作。這個階段大概會持續兩、三年或者更久，視不同的議題而定。

以下先說明將會用到的方法。

世界議題網的主要挑戰在於表達出不同面向的知識與觀點——但只限於對解決方案有實質貢獻的成員所提的不同觀點。在這方面一定得有紀律：那些只是來陳述一己之立場但不願或不能參與心態開放的腦力激盪、共同找出解決全球問題辦法的人，就算一開始設法打入了網絡，但最後還是會被排除在外。同樣地，某個世界議題網的成員可能來自於企業、政府或公民社會組織，不過一旦進入這個網絡之後，他們就應該以世界公民的身分來思考與行動，而不應固守某種狹窄的利益。這項原則應該清清楚楚列入網絡的

❶編按：開放源碼運動（open-source project，又稱自由軟體運動，但二者之間仍有細部的差異）基本上是由一群先前未協調，但卻一起合作的程式設計師來研發軟體，他們使用可自由散布的原始碼，以及網路上的通訊設施。這些倡導開放源碼的人認為，以成就感為主要動機的程式設計師可以生產出比較優秀的程式。

行爲規章裡，並且由促進者強制執行。

不要把這種紀律當成是爲了強硬而以強硬樹立，而是該網絡善用了各成員長處之後的結果。要達到這種效果，網絡必須不斷訴諸普世價值（universal values）——不只是哲學家康德所提的廣義的普世價值，而是爲了解決目前全球課題所需達致的先決條件。網絡的成員必須公開表達意見，而所發表的意見不應偏離解決問題的過程。人們可以在這種環境下表現出世界公民應有的作爲嗎？這會不會只是夢想？並不是的。事實上有研究顯示，人在適當的環境下會超乎尋常地公正（例如在分配某些珍貴事物時），並且很快地就以自私爲恥。

其次，此議題網會努力找出「粗略的共識」——在網路世界裡逐漸形成的概念與觀點。這是指已經有了足夠的基本認識，可以開始擬定政策或準則了——端視該問題需要的是政策或準則。這是一個經由不斷討論修正而形成的觀點，而不是透過表決就決定的結果。

最後，要想達到上述目標，各個議題網會需要建立一個也許會很龐大的「電子大會」，這個大會擁有一套完全開放的架構，可以透過「**審愼民調**」（deliberative polling）來尋求該網絡中所有不同利益團體的加入。可以用網際網路的強大動員能力來做這件事，但是這過程仍應符合一定的紀律——每一次民調的主題，都必須讓判斷或解決問題的進程往前推展，即使只向前走了一吋也好。這項原則也應該成爲網絡的行爲準則。

有些議題網可能會決定要建立一個獨立的專家顧問團——這是借用了締結條約時代的作法(參見第十二章提到的IPCC)。專家必須獨立於網絡之外，以維持科學的獨立。

方法論的討論到此爲止。至於各個議題網的主要工作內容，在電子大會與獨立專家顧問團的協助下，會有一連串的任務：

・首先是詳細定義議題的範圍、母題與子題，仔細探究議題的因果關係，並且說明該議題對全世界的不利影響。

・計算出還剩多少時間可以用來處理該項議題（每項議題有各自的時間表）。

・設想下一代在二十年後將面臨什麼樣的處境，會如何說明這項議題在過去是如何處理的。在這方面，電子大會的作用是非常關鍵的，其民調要能針對各種可能性做出說明。

・各議題網成員要描摹出二十年之後的遠景，然後回頭推算出從現在起該採取哪些步驟，以及誰該執行各個步驟。

・接下來是最困難的工作——這個網絡要設立一套準則或標準，以啓動這些步驟。雖然這個網絡主要只需要產出規範或標準即可，但可能也需要建議一些輔助性的機制，像是募集資金、補償機制、監督系統和政府間的法規控管體制等。

・無論如何，準則與標準都應該是一個網絡最核心的產出，也是世界議題網的核心概念。這些準則與標準可以合而爲一，也可以針對民族國家、企業、甚至多邊組織等不同層面而各有應用。舉例來說，議題網可依據議題而提出哪些國家應該要有相關立法；如果已經訂有條約，甚至可以命令各國簽署核准這些條約，並要求執行的承諾。針對企業在全世界各地的營運，議題網也可明確制定準則。針對相關領域裡的全球性多邊組織，議題網可以要求它們優先設立某些基金或者其他機制，或者有時候甚至要指示它們如何針對目前發生的問題共同採取行動等等。把這套準則當成世界議題網的明確、實用的精神。

・最後，把這一整套準則（或是好幾套）透過一個發起會議而提出來。有些人喜歡把這些準則看成是「軟性法令」（soft law），但是以下的實行階段將顯示出這些準則絕對不是軟弱無力的。

階段三：實行

在可能會持續十年或更久的第三階段中（參見圖19-3），各個議題網的成員會繼續增加，而且轉變爲評價的機制——評估各國與相關成員（例如企業）遵循準則的情況如何，或甚至依照國際標準組織（International Organization for Standardization）制定ISO 9000的作法，來進行評估工作。各網絡會經常性地評估各相關單位成員，逐年觀察哪個單位最有長進。名聲效應此刻就會發揮作用：網絡和電子大會這時候會花時間追蹤這些單位是否確實依循這套準則。在此階段，世界議題網看起來愈像激進的非政府組織愈好。

必須注意的是：準則並不是法律。大多

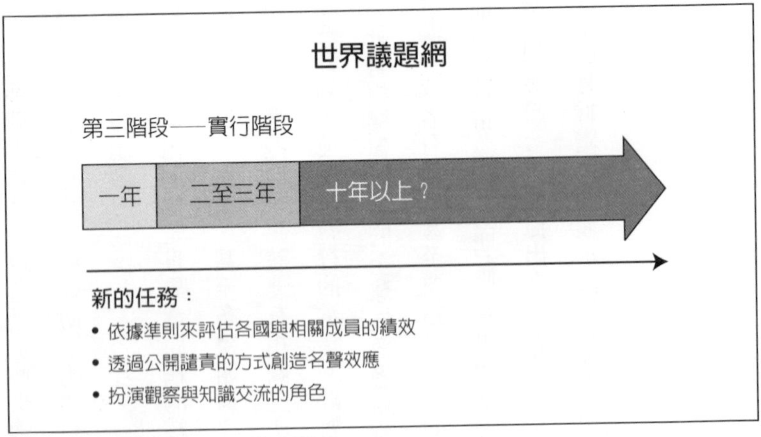
世界議題網
第三階段——實行階段
一年
二至三年
十年以上？
新的任務：
• 依據準則來評估各國與相關成員的績效
• 透過公開譴責的方式創造名聲效應
• 扮演觀察與知識交流的角色

圖19-3 世界議題網——第三階段

數時候，準則要實行到什麼程度，可由各國依本國的意願或是依名聲效應的壓力來決定，是否要立法遵守這些準則。

但各議題網並沒有權力控制企業或其他公民社會組織。這些網絡只有道德權威，所以必須妥善運用這些力量——透過揭露、公布和名聲效應的方式，公開譴責那些違反或忽視準則的「害群之馬」。這在媒體時代並不難做到：受評估者愈是害怕拿到這份成績單，新聞界就愈有興趣——而世界議題網當然有很多資料可以提供給新聞界。

有任何證據可以證明名聲效應會有實質影響力嗎？我們在第十四章已經看到，公布洗錢國家名單會產生立即的成效。另外還有一個很具說服力的例子：印尼政府沒有用法令來處罰那些破壞了環境的企業，而是設計了一套五層評量表：從遵守準則的金色評價，到嚴重違反相關準則的黑色評價。得到最高評價的會受到大衆讚許，而評價最差的，在公布公司名稱之前有六個月的改善期。猜猜看結果如何：大多數表現不佳的企業，都因爲害怕名字被公布而爭相花錢使用可以改善環境破壞後果的科技。我們可以預期世界議題網可以同樣方式來操作。

要是依照個別問題來公布犯規國家的做法不見成效，還有其他對策。不同的世界議題網可以聯合起來，對各國進行多重議題的評估淸楚畫分出兩種國家：一種是遵循準則

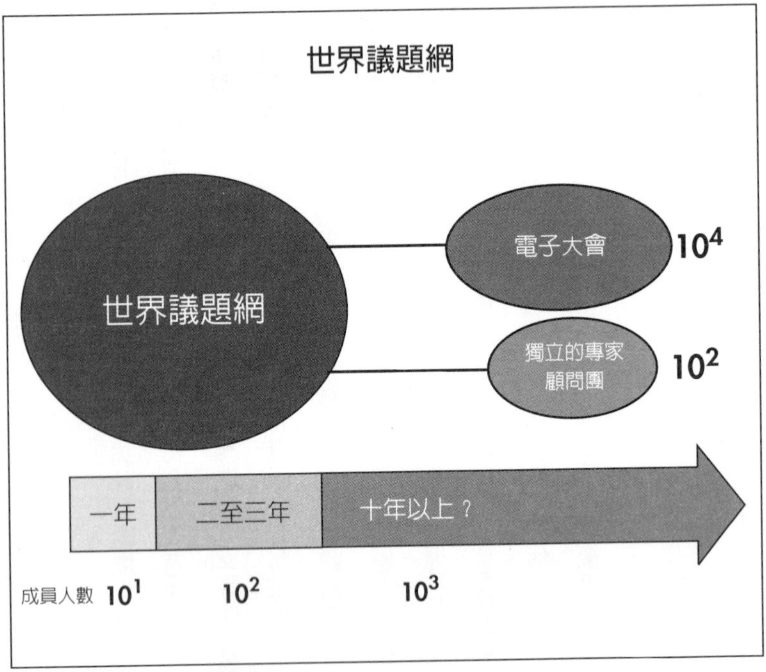

圖19-4 世界議題網簡圖

的優良世界公民，一種則是不願立法或簽署條約的國家。「流氓國家」的認識可以依此擴充。甚至可以想像聯合國也共同來建立、甚至認可全部的評量結果。就算聯合國不加入，能定義出誰是「流氓國家」也是一項功勞。

最後，除了參與評估工作與提高名聲效應之外，議題網也將是交流系統的最佳實踐，因爲網絡中有電子大會可以提供觀察與知識的交流。圖19-4是隨著各階段的進展、成員人數的增加，最後發展完備的世界議題網的簡圖。

成員人數從幾十個開始，到第二階段增加到幾百個，而最後達到幾千人。電子大會可以召集上萬人參與——事實上沒有上限。假如設有獨立的專家顧問團，則可以召集數百名以上的專家——IPCC就有一千零五十七位專家參與。

20 世界議題網的四大優勢

世界議題網是個龐雜的概念；正因其龐雜，所以富有極大的彈性，可以從基本方法出發不斷討論各個議題的細節。所以我也可以繼續想像出各種新的細節與變化，但這裡的描繪——目的也僅止於描繪——就足夠顯示整體的概念與其優缺點。

世界議題網具體呈現出四個重要特性，它們都可以加快解決全球問題的進程。

一、速度

世界議題網的設立目的旨在快速制定準則並啓動名聲效應，因此本書所描述的方法都有「馬上做」的迫切性。議題是什麼？我們有多少時間？經過二十年的實際努力是爲了走向什麼樣的願景？我們要如何達到目標？有哪些可能方案？民調對這些方案有何反應？但是到目前爲止世界議題的典型處理方式卻與此相反，盡浪費時間在道德性的高談闊論、抽象的聲明，以及空洞無意義的呼籲行動。

還有一種關於速度的效應：各個議題網所產生的政治能量與迫切性，將會對既有的國際組織施壓，使這些國際組織以超乎平常速度的腳步來因應。

二、正當性

德國哲學家哈伯瑪斯說過，全球性的治理（global governance）意味著在制定國內的政策時要站在全球的層次上思考，並且就設計成適合在全球的層次上執行。但他也指出這很難做到。在一國的政治層次下，國內政策的討論是在有共同的政治觀念和文化氣氛下進行，這些氣氛有助於形塑出相對「高密度」的溝通。若要在國際舞台上達成同樣有效的溝通，世界公民需要發展出一種世界性的認同感——這可不是件簡單的事。

世界議題網與電子大會打算開始克服這項難題。要如何辦到呢？

・首先，建立一個單一世界議題，這樣比較有機會能動員那些有共同精神或至少有共同關懷的人們。針對個別議題的討論比較能讓參與者覺得自己是世界公民，但全面討論所有的世界議題反而不容易塑造這種認同感。

・其次，以開放架構爲基礎的網絡可吸引世界各地相關選區的人們前來參與，一起進行諸如形塑準則、參與評估的活動。這會有助於建立世界公民認同感並塑造共同精神——這二者正是哈伯瑪斯等人認爲在解決全球問題時所必備的條件。

‧第三，電子大會也會帶來全新的事物。網際網路通訊讓訊息既豐富又廣布（參見第四章）。而網際網路所創造出的虛擬公共空間有助於縮減人民與決策者之間的距離。這就可以解決目前國際組織的缺失之一。

由此可能會出現新的正當性基礎——雖然哈伯瑪斯認爲它比民主代議制所需的正當性來得容易成立，我卻認爲這新的正當性基礎說不定比較不容易成立，因爲它必須以前所未有的方式結合世人的共同參與、科學性的探究和公共利益等標準。

世界議題網帶來了一種經由共同審愼思考而來的**水平式正當性**——這些思考來自於一大群跨國界、跨政府、跨企業、跨社會的人，他們高度關切某項議題而且具備相關知識。水平式正當性並不會取代傳統式民族國家「由下而上」的**垂直式正當性**——由國家處理所有議題，但是在淸楚界定的領土範圍內進行——卻可以補充垂直式正當性的不足。

世界議題網的水平式正當性，正可向傳統民族國家的垂直正當性施壓，使後者在急迫的全球性問題上有更好的表現——更好的表現指的是有更迅速和更長期投入的行動，並且是出自世界公民的角度而非傳統的視野。

與此同時，可以預期水平式正當性會迫使民族國家建立起其現行政治體制所缺乏的責任架構：只看近利、只以國家領域爲考量的傳統政治人物，現在必須考慮更重大、更議題導向的事物，而不只是關心地方選民的贊成或反對。如此很可能會成爲評判政治人物的新方式。

三、多樣性

議題網的形成本來就是要以下

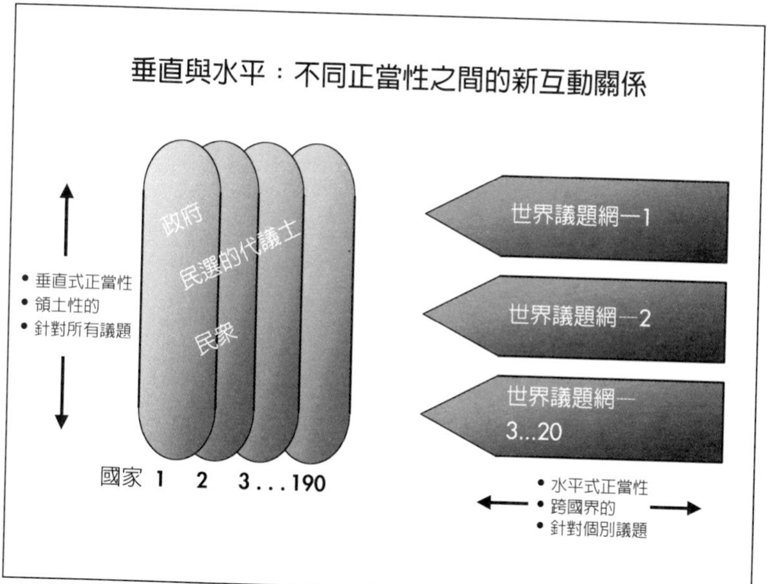

圖20-1 垂直與水平：不同正當性之間的新互動關係

三種各具不同優勢的單位加入：政府、民間以及國際性的公民社會組織。這三者所貢獻出的知識力量比目前的國際組織更有價值。某些全球多邊組織所推動的實驗裡（嚴格來說不算是全球性的領域）納入這三方，顯示出這種做法很有效果。我幾年前幫忙建制了一個計畫，讓三方合作解決一個開發中國家的交通安全問題（那些開發中國家爲道路意外所付出的代價達國內生產毛額的二%），比起只有一方獨力進行更能產生很多創意思考。

此外，面對今日世界議題如此複雜，民間機構與國際性的公民社會組織都比國家政府官員更具備全球視野和相關知識。我經常感嘆比起那些只關注選舉、或是不知如何處理諸多他們該了解的問題的政府領導人，跨國企業等領袖更願意從事長期性的全球性思考（參見第七章）。

公民社會組織也擁有知識優勢，特別是在他們建構出彼此間的國際性網絡之後。我們可以預期，世界議題網會帶動公民社會爲了參與而去組織更多的網絡。近來的經驗（如解除債務或是貿易）顯示，這類的網絡可以迅速取得優於傳統專家的專業能力。

因此可能會產生一個有趣的結果。如同第七章提到的，許多人質疑公民社會的這種原始正當性不具有代表性，但並不能說清楚接下來要怎麼做。然而，有獨特方法論與會員體系的世界議題網則提供了一種方式，讓公民社會的某些要素朝向更受認可的一種正當性進展——代表這種正當性的那一群人，他們帶著知識與視野進入某一個議題網，並且參與解決問題的行動。同樣的情況也適用於企業界，使其在解決全球問題上的正當性不被質疑。

四、與傳統體制並行

世界議題網與電子大會是既柔軟而又嚴厲的。如我們所看到的，它們在施行不留情面的評比等級與名聲效應時是很嚴厲的——遠比規則或制裁更有效力。

但世界議題網也十分開放有彈性，一方面尊重一方面也需要傳統機構，所以他們又是很柔軟的。世界議題網仍需要目前的國際組織（參見第十六章），儘管這些國際組織有缺點。爲什麼？因爲治理工作需要由政府執行。如同第十九章所說明的，議題網需要傳統的政府間會議先發起會議。而且由於議題網不能立法，就必須由民族國家的立法機構依照該網絡所定的準則來通過相關的法律。同時，如果他們最後提出的建議是設立基金或其他措施，也必須得到全球性多邊組織的協助。

事實上，世界議題網的工作在於充分利用既有的國際組織。所以，設立世界議題網比試圖建立一個全新的機構或是對既有組織進行無止盡的改革更有效果——因爲那兩種做法所需要的正是全世界最缺乏的本錢：時間。

網絡治理

綜上，世界議題網會產生一種適合這個時代的概念：網絡治理。然而它不會是無限坦途，可以預期會產生混亂、含糊、抄捷徑等等狀況，但也可以期待會產生速度和行動，以及一種獨立於垂直式正當性之外，但又可以輔助傳統代議制的水平式正當性。

本書第一部提到，新世界經濟可以描述爲（事實上也的確有人如此描述）「網絡經濟」，而後在「網絡」和「治理」兩詞的並列中，有種強大的邏輯對稱性（甚至帶著一點詩意正義❶）。將網絡經濟和網絡治理並列施行，可以提升各種人類社會的體制，並因應

❶編按：詩意正義（poetic justice），通常指以一種特別或者反諷的方式而出現了賞善罰惡的結果。

由兩股巨大力量引發的複雜性危機（參見圖8-1）——而這兩股巨大的力量將會在未來的二十年大大改變這個世界。

網絡治理——本章以世界議題網及其電子大會和專家顧問團來表達這個概念——並非憑空想像而來，卻與第七章中所討論的三種新現實密切相關。

21 魔鬼總在細節裡

英諺有云：「魔鬼總在細節裡。」（The Devil is in the details.）更可怕的是，問題甚至可能就在整體的設計上。就網絡治理和世界議題網的概念來說，至少有四大陷阱需要注意。

各項任務的複雜性

二十項世界議題制定全球準則的過程中都會碰到難以應付的挑戰，不是遇到政治性的困難，就是有技術性的困難，或者二者兼具。在許多層面偶爾會有雙贏的解決方案，但大多數的解決方式都會造成全球勝利而在地失敗的結果，或是直接損害到下一代的權益，譬如全球暖化與二氧化碳排放量上限的問題。

但這困難是待解決的問題本身所固有的，而不是因爲運用了網絡此一手法所產生的。如果一項議題的難度很高，那麼要現有的國際組織去處理也好，換一個世界議題網去解決也好，都會遭遇相當程度的困難。要說有什麼不同的話，就是議題網與其務實的方向（成員不能一味堅持個人的立場，而必須以世界公民的角度來思考）可能比讓現有的國際架構自生自滅來得有希望。這麼說吧：如果不採用世界議題網，還有別的辦法嗎？

正當性與民主代議制

誰來決定哪些人可以參與世界議題網？哪個公民社會的組織或網絡可以被視為代表別人，又是誰賦予他們代表性？哪個企業與公司？誰會因為未能採取世界公民的角度而被排除在外？是被誰排除在外？目前為止最棘手的這些問題，正堆在議題網的概念旁等著解決——特別是在麻煩的構成階段。而且大家會說，這些議題網不是經由選舉體系而誕生、存在的。

同樣的，如果不用議題網，還有別的辦法嗎？現有的國際組織無法及時提供解決方案。而世界政府在二十年內還看不到影子。我們得想出辦法來控制住主要的全球問題。

其他的回應也可以用來說明這個概念的正當性：

・世界議題網並不是有立法權的主體。這些網絡可以針對議題來建立準則與評估系統。既然他們並不是某種形式的政府，而只是一種治理的工具，因此不必用民主代議制的角度在此討論。

・各個議題網的三方促進者必須恰當回應其他關於代表性的質疑。其中，全球性多邊組織做爲主要促進者，將扮演一種特殊角色；在某方面來說，全球性多邊組織也頗能勝任。它們原本的技術官僚特質通常被視爲不利之處，但在這裡則會變成一項有益的資產，因爲比起來自政府、企業或公民社會的代表來說，它們比較不會有一己的私心。全球性多邊組織可以幫助議題網在成員資格方面取得平衡，並且統合各方提出的知識貢獻。而它們的成員國來自全球各地，這使得最貧窮的國家與地區也有機會加入議題網，否則它們可能就無法在全球網絡上發聲。

・如第十九章所說的，議題網在吸納或排除成員一事上有很明確的原則。各成員在這項議題上有何知識貢獻？各成員在行動與思考時，是站在世界公民的立場，或者僅是代表他自己的立場？裁定成員是否具資格的權力與責任，都交由三方促進者依照議題網的行爲準則而做判決。

・電子大會——這是廣爲開放的線上民意調查平台，比傳統「由下而上」金字塔式的選舉過程更有民主參與（democratic participation）的特質。它可以讓爲數衆多來自全世界的對此議題有相關知識的合格民衆一起參與討論。在這個意義上，議題網的這些附加屬性極爲重要：它們可以幫助世界議題網建立起一種水平式的、與世界公民相關的正當性，並輔助傳統垂直式的、存在於民族國家之內的正當性體系。

‧最後，想像一種做法如下：一旦某個議題網的準則達到了國內立法的某種門檻——譬如說，已在半數的會員國通過了，這時聯合國即要求會員國進行公民投票。這個概念在討論「世界政府」時會出現，但網絡治理可以提供更多創意的做法。如果這種想法得以執行，議題網就成爲傳統全球性立法程序的第一階段，好比昆蟲成了蛹——接下來就能展開翅膀，以全球性的姿態與聯合國一起飛行，甚至飛越聯合國。這會是很好的結果：議題網的正當性還在進展中，或許會被某些人或許多人質疑，但最終會因爲其概念正式被採納而明確取得最後的正當性。

議題之間的連結性

爲各個世界議題個別建立起全球網絡，可以更迅速而更集中火力地解決問題，但這有有一個大缺點：可能因而喪失議題之間的連結性。舉例來說，在貧窮議題與環境議題之間有很複雜的雙向關係。全球暖化與漁源耗竭對於窮人傷害最大；而另一方面，貧窮會使某些問題更加惡化，例如喪失生物多樣性、森林砍伐、傳染病。環境議題彼此之間也會產生交互作用：全球暖化可能會加速水資源匱乏和生物多樣性的喪失。而貧窮與教育問題更是緊密相連。從徵收二氧化碳稅的例子可以看到稅制創新與環境議題之間的連結。如果水資源匱乏的問題沒有解決，國際衝突就更難以避免。這類例子不勝枚舉，因此議題之間的連結性的確非常重要。

但如果爲了顧及議題之間的連結性就捨棄依個別議題來解決的方式，卻也不智。這麼說有兩種理由：第一個理由可以參考亞歷山大（Christopher Alexander）所寫的《形式綜合摘要》（*Notes on the Synthesis of Form*），這是一本見解深刻的書。作者指出，想要有效解決問題，必須先確認各個子系統或各子議題大致已獨立存在：否則把各個子系統或議題結合起來，使問題的份量過於龐大時，就必然無法解決。

第二個理由是，依個別議題來分別解決，可以減少外交上的卑劣手法——國際談判者喜歡以一個議題的漏洞作爲條件去交換另一個議題的漏洞，或是策動合併兩項議題，以此暫緩其中某項議題。解決衝突的專家認爲，這樣的連結策略可以促進協商，但在處理迫在眉睫的全球性問題時，這種策略反而可能產生我們不想要的結果——聊勝於無的低階解決方案。

議題連結性的問題要如何解決呢？物理學家蓋爾曼（Murray Gell-Mann）與同僚在聖塔菲研究院（Santa Fe Institute）討論這個兩難情況，建議設立第二十一個世界議題網，以它作爲某議題及其議題網之間的連接者。同樣地，各個世界議題網之間也可以藉此交流，甚至可以聯合對各國作多議題式的評估工作，也有機會產生連結。的確，這個過程由第二十一個世界議題網來啓動，會以比由原有的二十個議題網自己來做會更有系統，也更審慎。

太單純的外表

如果你拿起關於全球治理的技術文件來讀——密密麻麻，用詞抽象，內容自我指涉——你可能會覺得，我對於世界議題網和網絡治理的說法失之天眞。我很難回應這種批評——只能反問，相信目前的國際組織有機會及時解決全球問題的人，比我更天眞吧？

此外，有前例顯示，這樣的概念不見得過於簡化。這些前例並不是前文所討論的世界議題網，但是它們有結合政府、民間與國際性的公民社會組織的實際經驗。其中之一是世界水壩委員會（Global Dams Commission），儘管爭議與障礙不斷，但這個委員會還是建立起了一套準則，作爲評判大型水壩的標準。這個問題或許稱不上是世界性問題，這個委員會的方法也和世界議題網不同，但這個案例說明了結合三種部門的工作方式可以快速見效：有些政府在評估後立刻重新檢視它們對某些水壩的資助計畫。

有部分前例的爭論未休——這些爭議已說明有些方式可行，有些不可行。也有國際勞工組織這樣的先例——它算是最古老的全球性多邊組織之一了。這個組織數十年來都採用結合三種部門的方式（在此是政府、雇主與工會等三方）——儘管其方法與世界議題網相較，還是比較傳統式而流於形式的。

在世界議題網制定準則的面向上，同樣也有先例可循。我們已經看到，國際防制洗錢組織金融行動小組（Financial Action Task Force）的做法，使許多國家努力想脫離該小組基於四十項評判標準而列舉的洗錢國家名單，甚至有半數名單上的國家，在一年左右的時間內就制定出相關法律。世界金融穩定論壇（Financial Stability Forum）在評估海外金融中心與金融體系的安全性上也有類似的進展。OECD發布了一份誇張離譜的避稅天堂名單。還有一個專門的非政府組織——國際透明組織（Transparency International）——每年也提出一份對各國腐化程度的評估報告。

類似案例不勝枚舉。但沒有任何一套準則可以像世界議題網一樣，要透過結合三種部門的參與及特殊的方法而取得正當性。事實上，缺乏了這種正當性的話，有些國家非常痛惡富裕國家把某些標準強加在其他國家身上——譬如洗錢國家與誇張離譜的避稅天堂的例子。因此，世界議題網及其方法論是從新近發展出來的「指出名字讓他丟臉」的實驗出發，而且更進一步。

22 世界議題網之外

世界議題網並非網絡治理的唯一形式，也不是加速解決全球問題的唯一途徑。還有另外兩種不同範疇的概念也很值得加以討論。這兩種概念並不屬於網絡治理的範疇，但是有一點關聯。

G20路線

有一種概念也採取依個別議題解決的取徑，但並不結合三種部門，而是採取比較傳統（我甚至會說是比較陳腐）的方式，由幾個大工業國組成某種集團。這概念是這樣的：為二十個世界議題分別設置一個相對應的G20組織。目前已經有一個由各國財政部長組成的G20，主要功能是處理全世界金融架構的議題；也可以如法泡製，為每項世界性議題各組織一個G20，由各國相關的部會首長組成。

現有的G20成員包括七大工業國（G7）、輪值擔任六個月歐盟主席的國家，再加上澳洲、中國、印度、印尼、韓國、俄羅斯、土耳其、沙烏地阿拉伯、墨西哥、巴西、阿根廷以及南非。如果每項世界議題都各組成一個G20，成員固定都會包括七大工業國，此外則由不同的國家加入。

現有的G20主要是做爲一個對話的論壇（許多決議是由G7與名爲G10的相關技術團體所決定），但其他的G20還是可以制定某種類似世界議題網所企圖制定的全球性準則和建議事項。當然，G20比起長期性的世界議題網來說是比較走走停停的。這些G20並不會和世界議題網一樣取得正當性，也不容易開發出如世界議題網的創新方法論。這些G20顯然也會面臨第十六章中所描述的如同七大工業國這類集團所會遇到的四種侷限。這些G20也許不那麼討喜，但是有實際而簡單的優點。

新外交的路線——以及擴大的援助概念

直接或間接參與了聯合國開發計畫（UNDP, UN Development Program）的思想者——特別是卡爾（Inge Kaul），提出了一些概念頗能補充世界議題網或G20的路線，擴充了外交與援助的概念。以下是所涉及的事務：

・在各國的部會首長人選中——例如農業、能源、教育等部會首長——培養專家外交官（expert-diplomats），讓他們直接和他國的專家外交官一起處理世界議題。

・給予這些部會兩份預算——一份預算是國家計畫之用（預算C，代表國內），另一份則用在全球性的行動（預算G，代表全球）。

・官方的援助也分爲預算C與預算G兩部分。

・建立一套全球基金來幫助開發中國家，特別是那些最貧窮的國家，更貞誠地參與解決全球性的問題。

情況可以很美好……

全世界領導人假如私下進行腦力激盪，不是在討論世界議題——他們很快就會進入問題的複雜性——而是在討論用什麼方法來解決全球課題。這場大辯論可能會得到許多結論，可以確定的是其中一種結論會如下圖所示。

也就是說，有一個也許可行的結構，不是撤掉現有的國際組織，而是讓國際組織獲得能量，置身壓力之下並且經由三種新事物的加入而更能有效負責，這三種新事物是：針對某些議題而設世界議題網（圖22-1的GINs）、針對其他議題而組成的G20，以及聯合國開發計畫所提出的新外交路線與擴大的援助計畫等新式想法。就算G20的成份又重新喚起了某些沒有幫助的舊思維，其實還是不壞的結果。

從某些方面來說，以上這三種新事物結合之後，甚至會產生協力作用。舉例來說，假如世界議題網與各個議題的G20並行發展，會更有功效，而聯合國開發計畫的做法則成爲有助於這兩者成功進展的平台。特別是上述解決二十個世界議題的方案，都有賴於各地的實行，其中一大部分是在開發中國家（如第二部所說的，解決某些議題需要更高標準的援助），預算G的援助計畫與全球基金

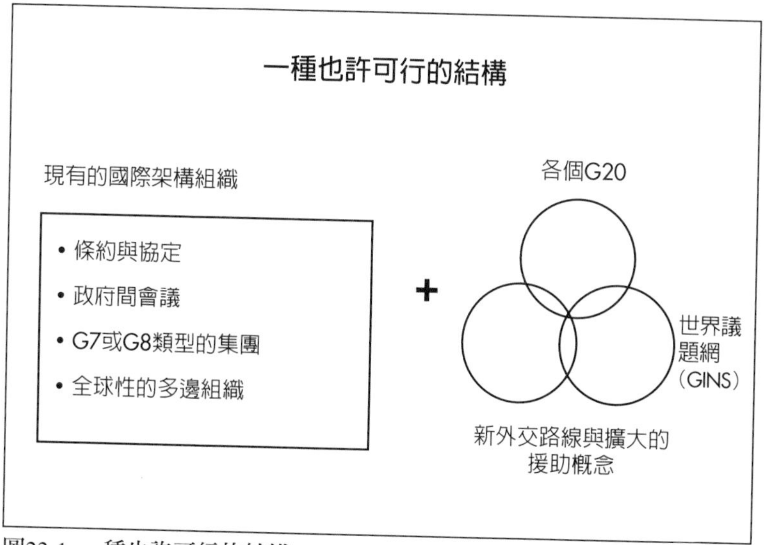

圖22-1 一種也許可行的結構

就非常重要了——或許可說是必要。

其他提案

近來出現各式倡議：建立世界議會；在聯合國裡創立一個經濟安全理事會(Economic Security Council)；將七大工業國增加到十六大工業國（G16）甚至是全球性的G20；擴大七大工業國的範圍，納入主要區域性貿易區的代表國；或是發起一個二十四個會員國的全球治理集團（Global Governance Group）。在這些主題上還有各種不同的意見。其中，擴大七大工業國的建議聽起來似乎可以改善圖22-1的「現有的國際結構」——或許經濟安全理事會也有這種作用。但這些意見很多都會因爲試圖同一個解決問題或論辯的方法來照顧全部的世界議題，因而有超過負荷之虞。想像世界議會的開會過程就可以明白了。

此外，也要考慮以下可能比較不尋常的角度：我們的世界可能會從東西對峙轉變爲南北對峙的緊張關係，再加上拚命想改變與厭惡改變的這兩種人之間的緊張關係。如果這樣的預測是正確的，那麼就更有機會用個別議題分別解決的取徑（世界議題網或甚至是如圖22-1的三方結合法）來處理這些緊張關係，而不是透過全球的、企圖以一役畢其功的取徑——如世界議會，或是其他權限大但成員少的新組織——事實上，這類的某些組織非但無法和緩這些緊張關係，反而使之惡化。

結論

想像力，一種不同的思考

從來沒有這麼多的機會可以改善人類的處境，但我們也從來沒有這麼不確定，不知道是否能把握住這些機會。異議人士察覺到逐漸升起的焦慮感，並且大聲說出來。世界各地的人們都期待戲劇性的轉變出現，解決這些全球課題，特別是在美國決定與京都議定書保持距離，與九一一事件發生後——這兩件事都令人睜大眼睛，不敢置信。實際上，人們開始察覺到對世界有利的局面，但同時世界的演進也有一股可怕的下降趨勢。人們憑直覺就察覺到時間在流逝，現在已是日正當中了。

正是在這種時刻，網絡治理與世界議題網的混亂概念有機會發揮功效：網絡的速度與彈性，正適合快速處理眼前許多問題。如同前一章的說明，對某些問題來說，要設置一個G20的集團可能比較容易些。你可以說這些是趕出來的辦法，並不完美。但就像是對社會鉅變頗有洞察力的博蘭尼（Karl Polanyi）半世紀多以前的思考：「歷史不只一次讓人看到，權宜之計也可能蘊育出偉大且恆久的制度。」

不論如何，我們的確需要想像力，需要一種不一樣的思考方式。用新思惟來思考，政府、企業與公民社會應該如何共同合作，如何誘導各國依照全球公益立場來制定法律，而不僅僅是基於一己的利益。用新思惟來思考，如何創造出一種類似網絡式的架構，讓每一個全球課題都各自擁有水平式的、跨國界的正當性，這種正當性可以與傳統垂直式的代議制程序和民族國家的正當性相輔相成。從網際網路的新眼光來思考，如何使更多的人透過新科技工具共同發表意見，並欣然接受一種可叫做**世界公民感**的概念。簡而言之，我們需要有破格而出的新思維。

但我們也需要真正迅速的思考。對全球暖化、漁源衰竭、傳染病、合成毒品、生物科技規範等迫切的世界議題而言，從現在起的二十年間正是轉變的時機，並不會再多等半個世紀。

上述是本書第三部大致傳達的訊息。

第二部是爲了讓讀者快速瀏覽這二十項世界議題，不盡完整詳實，但可作爲第三部與第一部的橋樑。

至於第一部的內容，則含有最重要、最能設定全書脈絡的訊息。其中最主要的一個訊息是：除了迅速思考之外，有一些直線式的思考也無妨。人們很容易被「全球化」、「反全球化」等字眼欺騙。這些廣義而模糊的字眼必然會導向錯誤的猜測、錯誤的判斷和錯誤的解決方案。

我試著指出一條出路，跳出來，看看兩股會在未來二十年深深改變全世界的力量——一是會將地球撐大到極限的人口成長，另一是使所有做事方式都會大大改變的新世界經濟。這兩大力量除了帶來一些奇妙的機會之外，也帶來一連串的壓力。這些壓力必然也會帶來複雜性的危機——因爲社會性的議題會變得更複雜，變化的速率會快得驚人，各種體制會因爲蝸牛似的演進步伐而問題百出。

這個時代的重大課題在於加強社會體制的策略，特別是那些負責公共治理的體制——國家集團、民族國家政府、政府單位、全球性多邊組織以及其他國際機構之間的結合。如果不這麼做，複雜性危機的危險孿生兄弟——治理的危機——一定會把事情搞砸。在許多公共討論機制裡已逐漸浮現的不良氣氛，正預告此一危機的來臨。

若欲增強社會體制，並不能僅僅透過一些既有組織的改革就能做到。這個時代有太多人相信，只需要改革一些既有的國際組織，然後加快速度全力前進就行了——眞是可悲。然而許多政治人物和異議人士也都落入這種陷阱。

任務不僅如此：國際組織的整體構造與全世界的民族國家根本無法快速而有效解決世界議題，它們的失敗是無庸置疑的。若欲解決，就要用隨著複雜性危機而出現的三種新現實的角度來思考——脫離階層制度、脫離民族國家過時的劃分疆界本能以及脫離政府、企業及公民社會之間的人爲分隔。

至此，本書三大單元得以串連，網絡治理和世界議題網的概念也找到源頭所在。請思考這些概念，它們可能會在你身上成長茁壯——就算你像我一樣對我提出的可能方法裡的若干性質有所不滿。

同時也請記住，不同的思考方式自有其陷阱。我自己無疑就掉進了一些陷阱裡，但爲了要找出更好又更快速的解決方案，這是必須付出的代價。我寧可讓你看見我的想法中的一些瑕疵，也不希望讓你誤以爲靠著現有的國際組織本身或者做點小規模的改革就足以完成使命。那是不可能的。

後　記

寫完這本小書後，我有兩項遺憾與一項要求。

第一個眞心的遺憾是，由於本書的主題與結構的關係，無法提供應有的篇幅來討論中國與印度——這兩大國的人口占了全世界開發中國家人口的一半——他們在未來二十年內將因應這二十個全球課題，將會有非常重大的影響，値得專門寫一本書來探討。

另一個比較輕微的遺憾是，我可能在那些全球問題解決方案上不曾發生的事上著墨過多，而沒有對於曾做過的努力表示敬意。身爲一個國際組織的官員，我非常了解處理全球性的事務是多麼沈重又不討好的工作負擔。因此，當一國家領導人、部會首長、外交人士以及國際組織的官員覺得，我在應該要把杯子說成是「半滿」的時候卻說是「半空」——這時我很能體諒他們的心情。但我還不至於需要道歉，因爲我不會放棄我的基本立場：說到需要迅速且有效地解決全球課題，我們的杯子還不到半滿。

最後，我有一項請求。我從各種剪報上讀到的各種案例，以及現場聽衆的質疑與建議，它讓我調整了我對世界議題解決之道的思考，且讓我獲益良多，比我所讀過的相關學術文章或書籍都還有用。因此假如你願意提供問題、想法或案例給我，我會非常高興。我有一個個人網站（http://www.rischard.net）可以隨時和大家討論與本書相關的問題。我可能無法一一回答所有來信，但對於其中能擴展我的視野、刺激我的思考的意見，我會想辦法回覆。

誌 謝

有十位朋友我不必指名道姓而他們自己知道我說的是誰，犧牲他們的空閒時間提供了我許多想法、警告、箴言與鼓勵。我由衷感謝他們，但我仍應負起本書基本概念的全責，若有任何論證上的錯誤或例證，也應由我負起全責。

其次，我對世界銀行深表謝意。我在此並非以世界銀行的名義來發言，而且我是以個人的時間來寫作本書。然而我之所以有能力寫作這樣的一本書，部分應該要歸功於我在這個開放、知識豐富的機構裡工作過數年的緣故。與許多人想像中相反，這個機構裡其實隨時可以見到意見相左的情況，有點像是個爭論不休的學院，而這一群獻身於對抗貧困此一複雜又令人感到挫敗的任務的人們，經常說出「要是你膽敢這樣做的話……」，「你居然敢不這麼做……」之類的話。我特別由衷感謝世界銀行的總裁沃爾芬森（Jim Wolfensohn），他總是讓我有足夠的空間實現我的新想法，甚至我不按牌理出牌的做法也有發揮的餘地。我也非常感謝他的前任者普列斯頓（Lew Preston），他曾給我不少勉勵。

最後，我最感謝的是我的妻子賈桂琳（Jaqueline）。我除了日常工作外還得埋首寫作本書，因此有許許多多疲憊的夜晚、週末和假日無心或無法陪伴她，多虧她對我的支持與耐心。

國家圖書館出版品預行編目資料

狗紀年的20個備忘錄／尚-法蘭索瓦．理查
(Jean-François Rischard) 著；何項佐譯.-- 初版--
臺北市：大塊文化，2004 [民 93]
面：　公分.--(From : 23)
譯自：High noon : twenty global problems,
twenty years to solve them
ISBN 986-7600-54-1 (平裝)

1. 環境保護

445　　　　93008406

LOCUS

LOCUS